远方旅游
JOURNEY TO HEART

中等职业教育专业技能课教材

中等职业教育中餐烹饪专业系列教材

中式面点技艺

ZHONGSHI MIANDIAN JIYI

主　　编　张桂芳

副 主 编　周延河　仇

重庆大学出版社

内容提要

中式面点技艺是中等职业学校中餐烹饪专业的一门专业核心课程，本课程的学习旨在培养中式面点师，为企业中式面点岗位培养储备人才。同时，《中式面点技艺》也是广大热爱中式面点技术人员的必读教材。

本书以面点常用原料、面团调制原理、馅心制作工艺、面点成形工艺、面点成熟工艺等5个模块为主线展开编写，以12个小项目（主坯原料、制馅原料、常用调辅原料、各种面团的特性、面团制作工艺、咸味馅制作工艺、甜味馅制作工艺、复合味馅制作工艺、成形方法的分类与要求、成形方法的运用、成熟方法的分类、成熟方法的运用）和30个学习任务来实施教学，让学习者系统地掌握中式面点师的基础理论知识和操作技能。本书可作为职业教育烹饪专业教材，也可作为培训用书。

图书在版编目（CIP）数据

中式面点技艺 / 张桂芳主编. — 重庆：重庆大学出版社，2022.2
中等职业教育中餐烹饪专业系列教材
ISBN 978-7-5689-2654-6

Ⅰ. ①中… Ⅱ. ①张… Ⅲ. ①面食—制作—中国—中等专业学校—教材 Ⅳ. ①TS972.132

中国版本图书馆CIP数据核字（2021）第075086号

中等职业教育中餐烹饪专业系列教材

中式面点技艺

主　编　张桂芳
副主编　周延河　仇杏梅
策划编辑：沈　静
责任编辑：杨育彪　　版式设计：沈　静
责任校对：刘志刚　　责任印制：张　策

*

重庆大学出版社出版发行
出版人：饶帮华
社址：重庆市沙坪坝区大学城西路21号
邮编：401331
电话：（023）88617190　88617185（中小学）
传真：（023）88617186　88617166
网址：http：//www.cqup.com.cn
邮箱：fxk@cqup.com.cn（营销中心）
全国新华书店经销
重庆升光电力印务有限公司印刷

*

开本：787mm×1092mm　1/16　印张：11　字数：277千
2022年2月第1版　2022年2月第1次印刷
印数：1—3 000
ISBN 978-7-5689-2654-6　定价：45.00元

中等职业教育中餐烹饪专业系列教材

主要编写学校

北京市劲松职业高级中学
北京市外事学校
上海市商贸旅游学校
上海市第二轻工业学校
广州市旅游商务职业学校
江苏旅游职业学院
扬州大学旅游烹饪学院
河北师范大学旅游学院
青岛烹饪职业学校
海南省商业学校
宁波市古林职业高级中学
云南省通海县职业高级中学
安徽省徽州学校
重庆市旅游学校
重庆商务职业学院

出版说明

2012年3月19日教育部职业教育与成人教育司印发《关于开展中等职业教育专业技能课教材选题立项工作的通知》（教职成司函〔2012〕35号），我社高度重视，根据通知精神认真组织申报，与全国40余家职教教材出版基地和有关行业出版社积极竞争。同年6月18日教育部职业教育与成人教育司致函（教职成司函〔2012〕95号）重庆大学出版社，批准重庆大学出版社立项建设中餐烹饪专业中等职业教育专业技能课教材。这一选题获批立项后，作为国家一级出版社和教育部职教教材出版基地的重庆大学出版社珍惜机会，统筹协调，主动对接全国餐饮职业教育教学指导委员会（以下简称“全国餐饮行指委”），在编写学校邀请、主编遴选、编写创新等环节认真策划，投入大量精力，扎实有序推进各项工作。

在全国餐饮行指委的大力支持和指导下，我社面向全国邀请了中等职业学校中餐烹饪专业教学标准起草专家、餐饮行指委委员和委员所在学校的烹饪专家学者、一线骨干教师，以及餐饮企业专业人士，于2013年12月在重庆召开了“中等职业教育中餐烹饪专业立项教材编写会议”，来自全国15所学校30多名校领导、餐饮行指委委员、专业主任和一线骨干教师参加了会议。会议依据《中等职业学校中餐烹饪专业教学标准》，商讨确定了25种立项教材的书名、主编人选、编写体例、样章、编写要求，以及配套电子教学资源制作等一系列事宜，启动了书稿的撰写工作。

2014年4月为解决立项教材各书编写内容交叉重复、编写体例不规范统一、编写理念偏差等问题，以及为保证本套立项教材的编写质量，我社在北京组织召开了“中等职业教育中餐烹饪专业立项教材审定会议”。会议邀请了时任全国餐饮行指委秘书长桑建先生、扬州大学旅游烹饪学院路新国教授、北京联合大学旅游学院副院长王美萍教授和北京外事学校高级教师邓柏庚组成审稿专家组对各本教材编写大纲和初稿进行了认真审定，对内容交叉重复的教材在编写内容划分、表述侧重点等方面做了明确界定，要求各门课程教材的知识内容及教学课时，要依据全国餐饮行指委研制、教育部审定的《中等职业学校中餐烹饪专业教学标准》严格执行，配套各本教材的电子教学资源，坚持原创、尽量丰富，以便学校师生使用。

本套立项教材的书稿按出版计划陆续交到出版社后，我社随即安排精干力量对书稿的编辑加工、三审三校、排版印制等环节严格把关，精心安排，以保证教材的出版质量。此套立项教材第 1 版于 2015 年 5 月陆续出版发行，受到了全国广大职业院校师生的广泛欢迎及积极选用，产生了较好的社会影响。

在本套立项教材大部分使用 4 年多的基础上，为适应新时代要求，紧跟烹饪行业发展趋势和人才需求，及时将产业发展的新技术、新工艺、新规范纳入教材内容，经出版社认真研究于 2020 年 3 月整体启动了本套教材的第 2 版全新修订工作。第 2 版修订结合学校教材使用反馈情况，在立德树人、课程思政、中职教育类型特点，以及教材的校企“双元”合作开发、新形态立体化、新型活页式、工作手册式、1+X 书证融通等方面做出积极探索实践，并始终坚持质量第一，内容原创优先，不断增强教材的适应性和先进性。

本套教材在策划组织、立项申请、编写协调、修订再版等过程中，得到了教育部职成司的信任、全国餐饮行指委的指导，还得到了众多餐饮烹饪专家、各参编学校领导和老师们的大力支持，在此一并表示衷心感谢！我们相信本套立项教材的全新修订再版会继续得到全国中职学校烹饪专业师生的广泛欢迎，也诚恳希望各位读者多提改进意见，以便我们在今后继续修订完善。

重庆大学出版社

2021 年 7 月

前言

随着我国科技的进步、产业结构的调整以及市场经济的不断发展，各种新兴职业不断涌现，传统职业的知识和技术也越来越多地融进当代新知识、新技术、新工艺。为适应新形势的发展，笔者结合最新的全国中等职业学校中式面点课程标准编写了本书。本书根据近几年职业教育课程教材开发、改革的要求，理论与实践相结合，项目教学以典型任务为载体，扩充学生的专业知识，重视教学评价环节，紧跟时代的步伐，不再像传统专业教材那样因为枯燥使得学生不喜欢阅读。本书图文并茂、文字简练、重难点清晰，便于学生掌握，贴近职业学校学生的实际需求。

中式面点技艺是中等职业教育中餐烹饪专业的一门专业核心课程，本课程的学习旨在培养中式面点师，为企业中式面点岗位培养储备人才。同时，《中式面点技艺》也是广大热爱中式面点的技术人员的必读教材。学生通过学习，能加深对中式面点技术理论的了解，加快对中式面点技能的学习和掌握。

本书以任务引领的方式展开编写，内容以 5 个模块为主线，包括多个项目展开、工作任务布置、学习评价等环节。本书以典型任务为载体，以基础理论作铺垫，从理论—实践—再实践—理论，由浅入深，层层推进，解决了中式面点技术人员只会操作，不知道为什么要这样操作的难题。本书理实一体，条理清晰，易读易懂，使读者通过任务实施来学习专业知识和技能，从而系统掌握中式面点技艺。

本书内容充分反映了当前从事职业活动所需要的最新和最为核心的中式面点技能，较好地体现了科学性、先进性、超前性。本书聘请了上海市中式面点职业标准和职业资格鉴定题库开发的专家，以及行业专家参与编审工作，保证了本书内容和企业的岗位需求紧密衔接。主编本书的专家，曾主编 1+X 职业技术职业资格培训教材《中式面点师（初级）》《中式面点师（中级）》和《中式面点师（高级）》3 本培训教材，并用作上海市中式面点师技能鉴定的指定培训教材。

本书在编写过程中，还得到了相关企业专家和重庆大学出版社的大力支持和帮助，在此表示感谢！

编　者

2022 年 1 月

目 录

contents

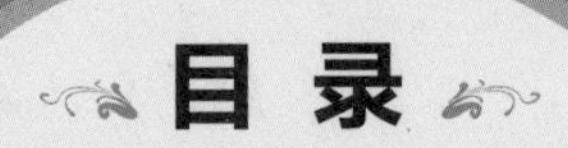

contents

模块3 馅心制作工艺

模块4 面点成形工艺

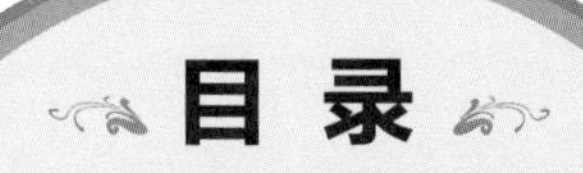

contents

模块 5　面点成熟工艺

模块 1

面点常用原料

模块描述

✧ 我国用来制作面点的原料广泛，各种原料的加工方法很多，因而色、香、味、形俱佳的各种面点也非常多。通过学习本模块，能够掌握主坯原料、制馅原料、常用调辅原料的相关知识。

模块目标

✧ 掌握面点主坯原料的相关知识。
✧ 掌握面点制馅原料的相关知识。
✧ 掌握面点调味原料和辅助原料等知识。

模块内容

✧ 项目 1　主坯原料
✧ 项目 2　制馅原料
✧ 项目 3　常用调辅原料

项目1　主坯原料

[学习目标]

【知识目标】

1. 掌握主坯原料稻米和小麦的种类、性质、特点及用途。
2. 了解主坯原料杂粮的种类及正确选用常识。
3. 了解主坯原料的特性，以及主坯原料在面点制作中的作用和使用时的注意事项。

【能力目标】

1. 能够根据面点制作的要求，合理选择和使用原料。
2. 能够鉴别面粉、米粉、杂粮的质量，并合理保管。
3. 能够按照面点制作的特点，合理搭配主坯原料。

任务1　主坯原料的认识

[任务描述]

学生在老师的带领下，来到食品一店原料柜台，购买面点制作中最常用的主坯原料。学生通过实物介绍，认识稻米、面粉、杂粮等原料。

[任务完成过程]

[看一看]

图 1.1　大米

图 1.2　面粉

图 1.3　泰国米

图 1.4　糯米

[学一学]

你知道吗？大米的主要化学成分有蛋白质、脂肪、糖类、维生素、矿物质、水分。

1. 蛋白质

大米的蛋白质含量约占 6.8%，主要分布在大米的糊粉层和胚乳中，胚芽中含有少量的蛋白质。

2. 脂肪

大米的脂肪含量约占 1.3%，主要分布在大米的糊粉层和胚乳中，胚芽中含量极少。

3. 糖类

糖类是大米的主要化学成分，其含量约占 76%。大米中的糖类分淀粉和纤维素两部分。淀粉主要分布在大米的胚乳中，纤维素主要分布在大米的表皮中。

4. 维生素

大米中维生素含量极少，主要分布在大米的表皮中。

5. 矿物质

大米中矿物质含量约为 1%，主要分布在大米的表皮中，胚乳中含量极少。

6. 水分

大米中的含水量一般为 13% ~ 16%。

你知道吗？麦类的主要化学成分有：糖类、脂肪、蛋白质、糖类、维生素、矿物质、水分。

1. 糖类

面粉中糖类含量最多，占 70% ~ 80%。由于面粉加工精度不同，糖类的含量也有所差异。高级面粉中淀粉含量高，纤维素含量低；低级面粉中纤维素含量高，而淀粉含量相对较低。

2. 脂肪

面粉中脂肪含量极少。低级面粉中的脂肪含量高于高级面粉。

3. 蛋白质

面粉中蛋白质的含量约占 10%，它分为面筋性蛋白质（麦胶蛋白、麦麸蛋白）和非面筋性蛋白质。

4. 维生素

面粉中含有维生素 B 和维生素 E。低级面粉中的维生素含量高于高级面粉。

5. 矿物质

面粉中的矿物质元素约占 1%。低级面粉的矿物质含量高于高级面粉。

6. 水分

面粉中含有一定的水分。高级面粉的水分含量稍高于低级面粉。

[最新认识]

1. 大米

大米由表皮、糊粉层、胚乳和胚芽 4 个部分组成。

2. 小麦

主要粮食作物小麦经过一整套复杂的加工流程可制成面粉。由于小麦品种众多，栽培各异，产地有别，因此小麦性质各异。

3. 杂粮

现在通常说的五谷杂粮，是指稻谷、麦子、薯类、大豆、玉米，而习惯地将米和面粉以外的粮食称作杂粮，因此五谷杂粮也泛指粮食作物。

[导入知识 1]

我国的优质稻米

1）小站稻

小站稻原产于天津郊区小站一带，现已发展到天津市各区县和北京、河北等地区。小站稻主要用于碾米做饭，营养十分丰富，含有葡萄糖、淀粉、脂肪等多种成分，是大米中的佳品。

> **知识小贴士**
>
> 小站稻子粒饱满、皮薄、油性大、米质好、出米率高。其米呈椭圆形，晶莹透明，洁白如玉。做饭香软适口，煮粥清。

2）马坝油粘米

马坝油粘米产于广东省曲江区马坝镇，因谷形细长如猫牙齿，又名“猫牙粘”。其优良特性是色、形、味俱佳，而且生长期只需 75 天，它是水稻家族里一个著名的优良品种。

3）桃花米

桃花米产于四川省宣汉县峰城区桃花乡。桃花米属带粳性的籼型稻米，品质精良，色泽白中显青，晶莹发亮。米粒形状细长，腹白小。桃花米煮出的饭黏性适度，胀性强，油性适中，米不断腰，具有绢丝光泽，香气四溢，入口滋润芳香，富有糯性。

4）香粳稻

香粳稻产于上海市青浦区和松江区，是水稻中的名贵品种，具有色泽白、腹白小、米质糯、适口性好、香味浓等优良特性。

> **知识小贴士**
>
> 香粳稻煮出的饭，清香扑鼻；煮粥，芳香四溢。香粳稻含有丰富的蛋白质、铁和钙。

5）玉林优质稻

玉林优质稻是广西壮族自治区玉林地区生产的优良稻谷的简称。玉林优质稻磨出的大米，米形细长，色泽如玉，米的三白（腹白、背白、心白）在 10% 以下，或者几乎无三白。玉林优质稻煮出的饭糯性强、油分大、松软喷香。

6）接骨米

接骨米是云南地区稀有的一种糯米，又称接骨糯。这种米脱壳后无完整颗粒，一般断成两截，多者断成三截，但经过蒸煮，米会自动接起来，饭粒完整。民间常用它拌草药接骨，因而得名接骨米。

7）凤台仙大米

凤台仙大米产于河南省郑州市东郊区凤凰台村，它像碎玉，似玛瑙，堪称中州特产。

知识小贴士

凤台仙大米有5个特点。

1. 米粒大，蒸成干饭洁白玲珑。
2. 米质坚硬，熬成粥米粒不坏。伏天吃剩下的饭，隔夜不坏，鲜味如初。
3. 味道馨香醇厚，食用后留有余香。
4. 出饭率高。
5. 油性大，营养丰富。

8）万年贡米

万年贡米是江西省万年县传统名贵特产，因其古时曾作为纳贡之米而得名。万年贡米的特点是：粒大体长（有“三粒寸”之称），色白如玉，质软不腻，味道浓香，营养丰富。

[导入知识 2]

麦粒由皮层、糊粉层、胚乳和胚芽4个部分组成。

1）皮层

皮层占麦粒干重的8% ~ 10%，由纤维素、半纤维素和果胶物质组成，其中含一定量的维生素和矿物质。皮层不易被人体消化，且影响面粉口味，因此磨粉时要除去皮层（即麸皮）。

2）糊粉层

糊粉层占麦粒干重的3.25% ~ 9.48%。糊粉层中除含有大量的蛋白质外，还含有维生素和脂肪，营养价值较高。加工高级粉时，由于损失了大部分糊粉层，因此常有一些营养缺陷。

3）胚乳

胚乳是麦粒的主要成分，占麦粒干重的78% ~ 83.5%。营养成分主要是淀粉，也含有一定数量的蛋白质、脂肪、维生素和矿物质。

4）胚芽

胚芽位于麦粒背面基部，占麦粒干重的2.22% ~ 4%。胚芽中含有较多的蛋白质、脂类、矿物质和维生素，也含有一些酶。

[想一想]

麦粒的皮层主要由纤维素组成。糊粉层中除含有较多的纤维素外，还含有蛋白质、维生素和脂肪，营养价值较高。胚乳中含有大量的淀粉和少量蛋白质。胚芽内除含有蛋白质、糖、脂肪和纤维素外，还含有大量的维生素B、维生素E和酶。

[布置任务]

提问 1

稻米经过加工能成哪些米？小麦又能加工成什么粉？

提问 2

稻米可以做什么面点？请列举 3 个品名。

[小组讨论]

把班级分成 4 组，每组根据教师给出的问题展开讨论，参照刚学的知识，也可以查阅相关资料，小组合作完成教师布置的任务。每组推荐 1 名学生代表介绍本小组的讨论结果，与全班学生一起分享任务完成情况，促进小组间的相互交流和提高。

任务完成情况评价表

组别：　　　　　　　　　　　　学生姓名：

序号	考核点	学生本人评价	组长评价	教师评价
1	学习态度与纪律			
2	参与讨论的能力			
3	学习积极性与主动性			
4	问题回答的准确性			
5	团队合作能力			

[练一练]

1. 稻米的主要化学成分是什么？
2. 麦粒的结构由哪 4 个部分组成？
3. 优质小站稻的特点是什么？
4. 香梗稻主要产于我国的什么地方？

任务 2　主坯原料的运用及保管

[任务描述]

学生在了解和认识了常用的主坯原料后，进一步学习主坯原料在面点制作中的运用及保管知识，为技能操作做好充分准备。

[任务完成过程]

[看一看]

图 1.5 绿豆

图 1.6 小米

图 1.7 红豆

图 1.8 莜麦

图 1.9 高粱

图 1.10 青稞

图 1.11 薏米

图 1.12 玉米

图 1.13 黑米

[学一学]

你知道吗？在面点制作中常用的其他原料还有豆类、淀粉类等，均可用于制作面点的皮坯或馅心。

你知道吗？在面点制作中常用的杂粮原料有玉米、高粱、小米、黑米、荞麦、莜麦、甘薯、青稞、木薯、薏米等，主要用于面点的皮坯或甜品。

[最新认识]

面粉由小麦粒磨制而成。面粉的化学成分因加工精度不同，在数量上有所差异。面粉按加工精度、色泽、含麸量的高低，可分为特制粉、标准粉和普通粉。按含面筋质的多少，面粉可分为高筋粉、中筋粉和低筋粉。

近年来，随着人们对优质食品需求的增加和食品工业的迅速发展，面粉工业为满足市场需要生产出了各种专用面粉。各类面粉的适用范围基本能满足我国食品行业的需求。由商务部批准的行业标准专业用粉共 10 种，即面包用小麦粉、面条用小麦粉、饺子用小麦粉、馒头用小麦粉、发酵饼干用小麦粉、酥性饼干用小麦粉、蛋糕用小麦粉、糕点用小麦粉、自发小麦粉、小麦胚（胚片、胚粉）。用特定专用粉制作特定食品比用其他面粉制作这种特定食品无论是外观还是口感都有明显提高。

[导入知识 1]

杂　粮

1）玉米

玉米又称苞谷、棒子，是我国主要的杂粮之一，是高产作物。玉米在我国栽培面积较广，主要产于四川、河北、吉林、黑龙江、山东等省。

知识小贴士

玉米的种类较多，按其颗粒的特征和胚乳的性质[illegible]可分为硬粒型、马齿型、粉型、甜型；按颜色，玉米可分为黄色玉米、白[illegible]玉米。东北地区多种植质量好的硬粒型玉米，华北地区多种植适于磨[illegible]

玉米的胚乳特别大，约占籽粒总体积的30%，它[illegible]，没有等级之分，只有粗细之别。粉可煮粥，蒸窝窝头、发糕、菜团等；[illegible]煮粥、焖饭。

2）高粱

高粱又称蜀黍。高粱的主要产区是东北的吉林省和辽宁省，此外，山东、河北、河南等省也有栽培，是我国主要的杂粮之一。

高粱米粒呈卵圆形，微扁，坚实耐煮。高粱按品质可分为有黏性（糯高粱）和无黏性两种；按粒色可分为红色和白色两种，红色高粱呈褐红色，白色高粱呈粉红色；按用途可分为粮用、糖用和帚用3种，粮用可做饭、煮粥，还可磨成粉做糕团、饼等食品。

知识小贴士

高粱的皮层中含有一种特殊成分——丹宁。丹宁有涩味，食用时会阻碍人体对食物的消化和吸收。高粱米加工精度高时，可以消除丹宁的不良影响，同时可提高蛋白质的消化吸收率。

3）小米

小米又称黄米、粟米，在我国主要分布于黄河流域及其以北地区。小米一般分为糯性小米和粳性小米，白色、黄色、橘红色者为粳性小米。一般浅色谷粒皮薄、出米率高、米质好，深色谷粒壳厚、出米率低、米质差。小米可以熬粥、蒸饭或磨粉制饼、蒸糕，也可与其他粮食混合食用。

我国的小米主要有以下品种。

（1）金米

金米产于山东省金乡区马坡一带，色金黄、粒小、油性大，含糖量高，质软味香。

（2）龙山米

龙山米产于山东省章丘区龙山一带，品质与金米相似，淀粉和可溶性糖含量高于金米，黏度高、甜度大。

（3）桃花米

桃花米产于河北省蔚县桃花镇一带，色黄、粒大、油润、利口、出饭率高。

（4）沁州黄

沁州黄产于山西省沁县檀山一带，米粒圆润、晶莹、蜡黄、松软甜香。

4）黑米

黑米属稻类中的一种特殊米。籼稻、糯稻均有黑色种，黑籼米又称黑籼，分为籼型、粳型两种。黑米又称紫米、墨米、血糯等。

> **知识小贴士**
>
> 我国名贵的黑米品种有以下几种。
>
> 1. 广西东兰的墨米。
> 2. 云南西双版纳的紫米。
> 3. 江苏常熟的血糯。
> 4. 陕西洋县的黑米。

（1）广西东兰的墨米

广西东兰的墨米又称“墨糯”“药米”，其特点是：米粒呈紫黑色，煮饭糯软，味香而鲜，油分重。用它酿酒，酒色紫红，味美甜蜜，营养价值高，是优质大米中的佼佼者。

（2）云南西双版纳的紫米

云南西双版纳的紫米因米色深紫而得名，分为米皮紫色、胚乳白色和皮胚皆紫色两种，其特点是：做饭后皆呈紫红色，滋味香甜，黏而不腻，营养价值较高，有补血、健脾及治疗神经衰弱等多种功效。

（3）江苏常熟的血糯

江苏常熟的血糯又称鸭血糯、红血糯。血糯呈紫红色，性糯，味香，米中含有谷吡色素等营养成分，血糯有补血功效。血糯分早血糯、晚血糯和单季血糯。前两种是籼性稻，品质较差。常熟种植的多为单季血糯。其特点是：米粒扁平，较粳米稍长，米色殷红如血。颗粒整齐，黏性适中，主要用来制作甜点心。

(4)陕西洋县的黑米

陕西洋县的黑米是世界闻名的名贵稻米品种。其特点是：外皮墨黑、质地细密。煮食味道醇香，用其煮粥，黝黑晶莹，药味淡醇，为米中珍品，有“黑珍珠”的美称，是旅游饭店中畅销的食品。黑米的营养成分比一般的稻米高，每千克约含蛋白质 11.43 克，脂肪 3.84 克，同时含有较多的氨基酸，是老幼病弱者理想的膳食补品。

5）荞麦

荞麦古称乌麦、花荞。荞麦籽粒呈三角形，可供食用。荞麦主产区分布在西北、东北、华北、西南一带的高寒地区。荞麦生长期短，适宜在气候寒冷或土壤贫瘠的地方栽培。

知识小贴士

荞麦的品种较多，主要有以下 4 种。

1. 甜荞。甜荞又称普通荞麦，品质较好。
2. 苦荞。苦荞又称鞑靼荞麦，壳厚，籽实略苦。
3. 翅荞。翅荞又称有翅荞麦，品质较差。
4. 米荞。米荞皮易爆裂而成荞麦米。

荞麦是我国主要的杂粮之一，用途广泛，籽粒磨粉可制作面条、面片、饼团和糕点等。荞麦中所含的蛋白质与淀粉易于被人体消化吸收，因此它是消化不良者适宜的食品。

6）莜麦

莜麦又称燕麦、裸燕麦、油麦等，主要分布在内蒙古阴山南北，河北省的坝上、燕山地区，山西省的太行、吕梁山区，西南大、小凉山高山地带，以山西、内蒙古一带食用较多。莜麦有夏莜麦和秋莜麦两种。夏莜麦色淡白，小满播种，生长期 130 天左右。秋莜麦色淡黄，夏至播种，生长期 160 天左右。两种莜麦的籽粒都无硬壳保护，质软皮薄。

莜麦是我国主要的杂粮之一，它可以制作麦片，磨粉后可制作多种主食、小吃。

7）甘薯

甘薯又称番薯、山芋、红薯、地瓜、红苕等，主要以肥硕的块根供食用，嫩茎、嫩叶也可食用。甘薯原产于南美洲，16 世纪末引入中国福建、广东沿海地区，现除青藏高寒地区外，全国各地均有种植。

甘薯肉质块根有纺锤形、圆筒形、椭圆形、球形和块形等。皮色有白、淡黄、黄、黄褐、红、淡红、紫红等，肉色有白、黄、杏黄、橘红、紫红等。块根内部有大量乳汁管，割开块根表皮，会从中沁出白色乳汁。

甘薯是我国主要的杂粮之一，含有大量的淀粉，质地软糯，味道香甜。它既可作为主食，又可与其他粉掺和做点心，还能做菜，适宜蒸、煮、扒、烤，也可炸、炒、煎、烹。同时，甘薯还可晒干储藏。

8）青稞

青稞又称裸麦、米麦、元麦等，主产于青海、西藏，以及四川、云南的高寒地区。藏族人民自古栽培青稞，并作为主食。

青稞磨制的粉较为粗糙，色泽灰暗，口感发黏，食用方法与小麦粉相同。整粒青稞可以酿酒。

9）木薯

木薯是生长在热带或亚热带的一年生或多年生的草本灌木，又称树薯、粉薯、南洋薯，原产南美洲，如今在广西各地均有种植。木薯分红茎和青茎两种。

10）薏米

薏米学名薏苡，又称苡仁、药玉米。薏米耐高温，喜生长于背风向阳和雾期较长的地区，凡是全年雾期在 100 天以上者，薏米产量就高，质量较好。我国广西、湖北、湖南等地薏米产量较高，其他地区也广有栽培。成熟后的薏米呈黑色，果皮坚硬，有光泽，颗粒沉重，果形呈三角形，出米率 40% 左右。

知识小贴士

薏米的主要优质品种有以下两种。

（1）广西桂林的薏米。广西桂林的薏米特点是种子纯、颗粒大。

（2）关外米仁。关外米仁产于辽宁省东部山区及北部平原地区。产量虽然不高，但品质精良。其特点是颗粒饱满，色白质净，入口软润。

[导入知识 2]

其他类主坯原料

1）豆类

（1）豆类的品种

中式面点工艺中常用的豆类品种较多，它们不仅可以作主坯，还由于豆香浓郁、清爽沙绵，而用作馅心。

①绿豆又称吉豆，品种很多，以色浓绿而富有光泽，粒大整齐者质地最好。

②赤豆又称红小豆，以粒大皮薄，红紫有光，豆脐上有白纹者质地最佳，粒小深赤者较次。

③大豆是黄豆、青豆、黑豆的总称。由于大豆的色泽以黄色最普遍，因此常以黄豆作为大豆的代表。黄豆色浅，常用于制作糕点。

（2）豆类的化学成分

豆类是中式面点工艺中常用的原料之一。它含有大量的植物蛋白，不仅其本身营养丰富，还能与其他生物中的蛋白质，特别是各类动物蛋白质起互补作用。

2）淀粉类

各类淀粉是中式面点工艺中另一类主要原料，它们是从谷类、麦类、薯类、豆类和其他含淀粉的原料中提取的。随植物种类的不同，品种各异的淀粉工艺性能也不相同。

知识小贴士

中式面点工艺常用的淀粉类原料有粮食类淀粉、薯类淀粉、豆类淀粉、蔬菜类淀粉。

（1）粮食类淀粉

粮食类淀粉主要有小麦淀粉和玉米淀粉。粮食类淀粉色较白、性软、有光泽，可单独制作点心，也可掺入其他粉料中作为改善面坯品质的调剂原料，是一类用途较广的淀粉。

（2）薯类淀粉

薯类淀粉主要有从木薯中提取的生粉和从甘薯中提取的甘薯粉。这类淀粉色较白，透明感强，性韧，有光泽，可掺入其他粉料中作为增强韧性、抗爆裂的良好调料剂。

（3）豆类淀粉

豆类淀粉主要是绿豆粉。用绿豆粉制作的点心不多，一般常用于勾芡。

（4）蔬菜类淀粉

蔬菜类淀粉主要有藕粉、菱粉、马蹄粉等。这类淀粉色较暗，半透明或透明，性滑韧，适宜单独制作各种点心，别具风味。

[想一想]

粮食是有生命的活体，它不断地进行着新陈代谢，并时刻受到以下外界环境因素的影响。

1. 温度对储粮的影响

粮食在呼吸过程中放出呼吸热，且它又是热的不良导体，因此积聚在粮堆中的热不易散发，从而引起粮温升高，发热发霉。当粮温上升到 34 ~ 38 ℃时，会“出汗”发芽，黏性增加；当粮温升至 50 ℃时，会发酸发臭，颜色由黄转为黑红，失去食用价值。

2. 湿度对储粮的影响

粮食具有吸湿性，在潮湿环境中可吸收水分，从而体积膨胀，如遇到适宜的湿度，就会发芽。同时，粮食水分的增加，会促进呼吸作用，加剧发热发霉，并易引起虫害。

3. 其他

粮食中的蛋白质、淀粉具有吸收各种气味的特性，在保管时要避免将其与散发异味的物质放在一起。

[布置任务]

提问 1

水饺、馄饨、包子、各种饼类等面点，都是用什么主坯原料制成的？

提问 2

汤团、青团、年糕、松糕等面点，都是用什么主坯原料制作成的？

[小组讨论]

把班级分成 4 组，每组根据教师给出的问题展开讨论，参照刚学的知识，也可以查阅相关资料，小组合作完成教师布置的任务。每组推荐 1 名学生代表介绍本小组的讨论结果，与全班学生一起分享任务完成情况，促进小组间的相互交流和提高。

任务完成情况评价表

组别：　　　　　　　　　　　　　　　　　　学生姓名：

序号	考核点	学生本人评价	组长评价	教师评价
1	学习态度与纪律			
2	参与讨论的能力			
3	学习积极性与主动性			
4	问题回答的准确性			
5	团队合作能力			

[练一练]

1. 面粉的种类有哪些？
2. 面点中常用的杂粮有哪些？
3. 面点中常用的豆类有哪些？
4. 面点中常用的淀粉有哪几种？
5. 稻米的主要化学成分是什么？

项目 2　制馅原料

制作面点馅心的原料多种多样，一般来说，可烹制菜肴的原料均可用来调制馅心。如荤馅类常用的原料有畜、禽肉类，蛋类，水产类等；素馅类常用的原料有蔬菜、豆类、豆制品、干菜等；甜馅类常用的原料有各种水果、蜜饯、干果、花草等。选料时，必须根据原料的特性和品种要求合理选择使用。

[学习目标]

【 知识目标 】

1. 掌握制馅原料的品种。
2. 掌握制馅原料的性质及正确选用常识。
3. 了解制馅原料的特性，以及制馅原料在面点制作中的作用及使用时的注意事项。

【能力目标】

1. 能够根据面点制作的要求合理地选择制馅原料。
2. 能够根据面点制作的要求合理地使用制馅原料。
3. 能够根据面点制作的特点合理地搭配制馅原料。

任务1　制馅原料的认识

[任务描述]

学生在老师的带领下，来到农贸市场，购买面点制作中最常用的制馅原料，通过实物介绍使学生们认识荤菜类、素菜类等制馅原料。

[任务完成过程]

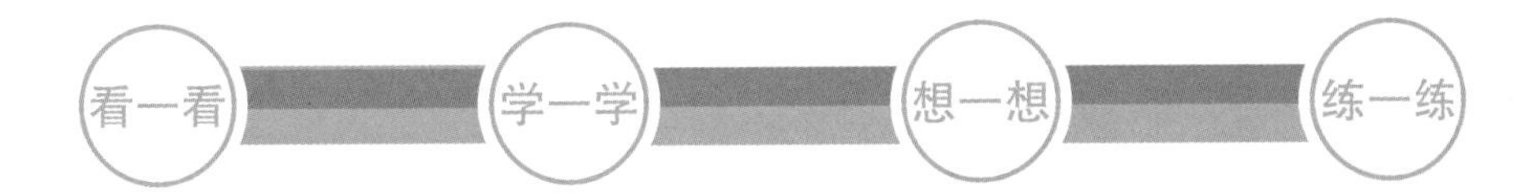

[看一看]

图1.14　蔬菜　　图1.15　猪肉　　图1.16　牛肉

图1.17　羊肉　　图1.18　火腿　　图1.19　香肠

图1.20　鸡肉　　图1.21　鱼肉　　图1.22　虾

图 1.23　大闸蟹

图 1.24　海参

图 1.25　干贝

[学一学]

你知道吗？面点制馅多用荤菜类原料和素菜类原料。荤菜类原料有畜类、禽类、水产类等；素菜类原料有鲜菜类、干菜类等。

[最新认识]

猪肉是中式面点工艺中使用最广泛的制馅原料之一。制馅一般应选用前夹心肉，其特点是：肥瘦比例适宜，黏性大、吸水性强，制成品鲜嫩卤多，比用其他部位的肉制馅滋味好。

[导入知识 1]

荤菜类制馅原料

1）畜、禽肉类

（1）猪肉

质量好的猪肉其肌肉组织呈淡红色，肌肉纤维细而柔软，熟后呈灰白色。猪肉含有较多的肌间脂肪，肌间脂肪呈白色，油光发亮，含量比其他肉多。

（2）牛肉

质量好的牛肉肉质坚实，有光泽，颜色棕红，脂肪为淡黄色至深黄色。制作馅心一般应选用鲜嫩无筋络的肉为好，否则馅心不松嫩。

（3）羊肉

绵羊肉肉质坚实，色泽暗红，肉的纤维细软，肌间很少有夹杂的脂肪。山羊肉比绵羊肉色浅，呈暗红色，皮下脂肪稀少，质量不如绵羊肉。

知识小贴士

1. 牛肉的吸水性强，调馅时应多加水。
2. 制作馅心一般应选用肥嫩而无筋膜的绵羊肉。
3. 制馅一般选用当年的嫩鸡胸脯肉。

（4）鸡肉

鸡肉的肉质纤维细嫩，含有大量的谷氨酸，滋味鲜美。

（5）肉制品

制馅使用的肉制品原料一般有火腿、香肠、酱鸡、酱鸭等。用火腿制馅时，应将火腿用水浸透，待起发后熟制，再除去皮、骨，切成小丁或按需要拌入白酒。用酱鸡、酱鸭制馅时，一般先去骨，再按要求切丝或丁使用。

2）水产类

面点制馅常用的水产类有新鲜的鱼、虾、蟹等。常用的海味有海参、海米、干贝等。

（1）鱼类

鱼类有上千个品种。用于制作面点馅心的鱼要选用肉嫩、质厚、刺少的品种。

（2）虾类

常用明虾。明虾外壳呈青白色，尾红，肉质细嫩，味极鲜美。调馅时，要去须、腿、壳、沙线等。洗净后，按要求切丁或蓉，调味即可（用虾制馅一般不放料酒）。

（3）蟹类

蟹有江蟹、湖蟹、海蟹之分。品质好的蟹肉质结实，肥润鲜嫩，外壳色青泛亮，腹部色白。除海蟹外不宜选用死蟹。

知识小贴士

1. 用鱼制馅，均须去头、去皮、去骨、去刺，再根据点心品种的需要制馅。
2. 虾仁也是制馅原料，用河虾仁制馅口味更佳。
3. 制作馅心应选用“团脐”活蟹，去壳剥出蟹肉和蟹黄，再加工成馅。

（4）海参

海参是一种海产棘皮动物，有刺参、梅花参等种类。用海参制馅前，需先泡发，开腹去肠，洗净泥沙，再切丁调味。

（5）海米

制馅时，先将海米放入碗内加水或黄酒浸泡，使其软化后再用。

（6）干贝

干贝是扇贝闭壳肌的干制品。以粒大、颗圆、整齐、丝细、肉肥、色鲜黄、微有亮光、面有白霜、干燥者为佳品。制馅时，需先将其洗净，放入碗内，加水上屉蒸透，再去掉结缔组织后使用。

[导入知识 2]

素菜类制馅原料

1）鲜菜类

用于制作馅心的新鲜蔬菜种类较多。一般应具有以下特点：鲜嫩，含水量大。用新鲜蔬菜制馅，大都需经过摘、洗、切、脱水等初加工。

面点工艺中，制馅常用的新鲜蔬菜有白菜、菠菜、苋菜、韭菜、芹菜、萝卜、冬瓜、茴香叶、西葫芦、南瓜、竹笋等。

2）干菜类

常用于制馅的干菜类原料有木耳、玉兰片、黄花菜、蘑菇、冬菜、梅干菜等。这些干菜在制馅前均需涨发。制馅时，木耳应选用肉厚、有光泽、无皮壳者；玉兰片应选用质细、脆嫩者；黄花菜则以色金黄、未开花、有光泽、干透者为好。

[想一想]

豆及豆制品类

豆类是荚果蔬菜。新鲜的扁豆可制菜馅，生长成熟的干制豆类是制作泥蓉馅的常用原料。最常用的豆类制馅品种有红小豆、绿豆和豌豆。

豆类要制成豆馅（豆沙或豆蓉），一般要经过煮、碾、去皮和炒等工艺过程。常用的豆制品有豆腐干、油面筋、油豆腐、豆腐皮（又称百叶或千张）、豆腐衣、粉丝、腐乳等。

[布置任务]

提问 1

水饺、馄饨、包子、各种蒸饺等面点，一般用什么原料制作成馅心？

提问 2

北方水饺和南方水饺在选用制馅原料时最大的差异有哪些？请列举北方水饺和南方水饺的制馅原料（各两种）。

[小组讨论]

把班级分成 4 组，每组根据教师给出的问题展开讨论，参照刚学的知识，也可以查阅相关资料，小组合作完成教师布置的任务。每组推荐 1 名学生代表介绍本小组的讨论结果，与全班学生一起分享任务完成情况，促进小组间的相互交流和提高。

任务完成情况评价表

组别：　　　　　　　　　　　　　　　　　　　　　　　　　学生姓名：

序号	考核点	学生本人评价	组长评价	教师评价
1	学习态度与纪律			
2	参与讨论的能力			
3	学习积极性与主动性			
4	问题回答的准确性			
5	团队合作能力			

[练一练]

1. 面点中常用的荤菜类制馅原料有哪些？
2. 面点中常用的素菜类制馅原料有哪些？
3. 面点中常用的豆类制馅原料有哪些？
4. 除学习常用的制馅原料外，请在网上查阅相关资料并拓展两种制馅原料。

任务 2　制馅原料的运用及保管

[任务描述]

学生在了解和认识了常用的制馅原料后，进一步学习制馅原料在面点制作的运用及保管知识，为技能操作做好充分准备。

[任务完成过程]

[看一看]

图 1.26　瓜子仁

图 1.27　红枣

图 1.28　核桃仁

图 1.29　白芝麻

图 1.30　莲子

图 1.31　白果仁

图 1.32　腰果仁

图 1.33　松子仁

图 1.34　花生仁

图 1.35　榛子

图 1.36　杏仁

图 1.37　板栗

图 1.38　苹果

图 1.39　梨

图 1.40　糖桂花

图 1.41　糖玫瑰

图 1.42　皮冻

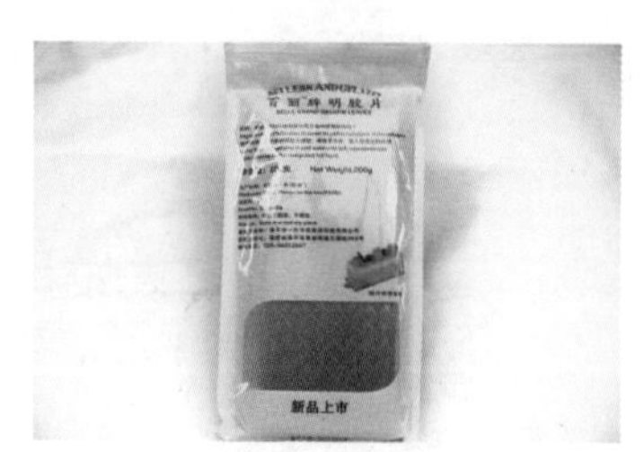

图 1.43　明胶片

[学一学]

你知道吗？干果是一种带坚硬壳质的果品，其可食部分为种子的果仁，果仁有甜味和香味两类，性质、特点各不相同。甜果仁肉质较软，如桂圆等；香果仁呈粒状，质脆，如核桃、松子等。

你知道吗？新鲜的蔬果是有生命的有机体，也是一类易腐坏的原料。

蔬果类原料在储存过程中，由于本身有呼吸、后熟、衰老等一系列变化，会使蔬果的质量降低。同时，微生物的侵染会引起蔬果的腐败变质。因此，保管新鲜蔬果应控制适宜的温湿度，创造适宜的环境。这样一方面能保持其正常的最低限度的生命活动，减少营养物质的损耗，延长储藏期；另一方面，也抑制了微生物的生长和繁殖，防止其腐烂变质。

[最新认识]

各种干果均具有特殊的风味，用以制馅，既可丰富馅心的内容，又可增加馅心的滋味。常用于制馅的干果有：红枣、杏仁、花生仁、核桃仁、麻仁、瓜子仁、橄榄仁、松子仁、莲子、白果仁、榧子仁、腰果仁、榛子、板栗等。

[导入知识1]

干果类

1）红枣

红枣有小枣、大枣之分，其特点是皮薄、皱缩、色深红、含糖量高、味甜、肉质绵软、耐储藏。红枣制馅时应选用皮薄、肉厚、核小、味甜的品种。红枣可加工制成枣泥或用于糕点的表面点缀。

2）杏仁

杏仁是五仁馅原料之一，分为甜杏仁、苦杏仁两种。甜杏仁经开水泡去皮后，既可炒食或直接制馅，也可磨粉做成杏仁饼、杏仁豆腐、杏仁酪、杏仁茶，还可做成各种小菜。同时，杏仁还是榨油、制药的优质原料。苦杏仁一般取自野山杏内壳，个较小，体稍鼓，味苦，可引起中毒，必须经反复水煮、冷水浸泡，去苦味后才能制馅。

知识小贴士

甜杏仁取自人工栽培的杏内壳，质好的杏仁颗粒扁大，仁肉饱满，色泽清新，颗粒干燥，有特殊香味。

3）花生仁

花生通常在9—10月上市，种子（花生仁）呈长圆形、长卵形或短圆形，种皮有淡红色、红色等，主要类型有普通型、多粒型、珍珠豆型和腰型4类。花生去壳、去内衣为花生仁，以粒大身长、粒实饱满、色泽洁白、香脆可口、含油脂多者为佳。制馅时，应先将花生烤熟、去皮。花生仁是中式面点制作工艺中糕点馅心五仁馅、果仁馅的主要原料。

4）核桃仁

核桃仁是五仁馅原料之一，以形饱满、味纯正、无杂质、无虫蛀、未出过油的为佳品。一般先经烤熟，再加工制馅。

5）麻仁

麻仁即去皮的芝麻仁。我国除西北地区外，广有栽培。麻仁按皮色分有黑、白、黄3种，均以颗粒饱满均匀、干洁无杂质为好。麻仁需经加热炒熟后使用，是五仁馅原料之一。

6）瓜子仁

瓜子仁简称瓜仁，是五仁馅原料之一。瓜子仁由瓜子去壳加工而成。面点工艺中最常用的是西瓜子仁。另外，葵花子仁、南瓜子仁也较常见。瓜仁以干洁、饱满、圆净、颗粒均匀者为佳。

7）橄榄仁

橄榄仁又称榄仁，是南方五仁馅原料之一。橄榄仁是橄榄科植物乌榄的核仁，主产于福建、广东、广西、台湾等地。榄仁外有薄衣，状如梭，焙炒后衣皮易脱落。榄仁以颗粒肥大均匀、仁衣洁净、肉色白、脂肪足、破粒少的为好，是一种名贵的果仁。

8）松子仁

松子仁简称松仁，是北方五仁馅原料之一。松子仁由松树的种子去壳而成。松仁呈黄白色，有明显的松脂芳香味，以颗粒整齐、饱满、洁净者为佳。

9）莲子

莲子由莲花的种子干制而成，分湘莲、湖莲、建莲等品种。莲子外衣呈赤红色，圆粒形，

内有莲心。用莲子制馅前，要先去掉赤红色外衣，再去掉莲心。

10）白果（银杏）仁

白果是我国特产硬壳果之一，以核仁供熟食，主产于江苏、浙江、湖北、河南等地。

白果果实 10 月成熟，有椭圆形、倒卵形和圆珠形。核果外有一层色泽黄绿、有特殊臭味的假种皮，收获后假种皮便腐烂，露出晶莹洁白的果核，敲开果核，才是玉绿色的果仁，果实每千克 300 ~ 400 粒。白果优质品种有以下几个。

（1）佛指

佛指产于江苏泰兴，壳薄、仁大、两头尖似橄榄、核饱满、味甘美，为白果良种。

（2）梅核

梅核产于浙江长兴，俗称圆白果，形状像梅子核，颗粒较小，果仁软润甘甜，清香味美。

白果可做糕点配料。但是白果含有白果苷，食用不当会引起中毒，选用时应严格控制数量。

11）榧子仁

榧子又称彼子、玉棋、玉山果等，是我国特产的稀有珍果，主产于东南地区，品种较多，有香榧、米榧、圆榧、雄榧、芝麻榧 5 种。榧子形似枣核，但较大，去壳、去衣后为榧子仁，肉为奶白至微黄色，较松脆，具有独特的香味，可作糕点配料。

12）腰果仁

腰果仁是世界四大干果之一，又称鸡腰果，肉质松软，味道极似花生仁，可作糕点的馅心，也可作点缀之用。

13）榛子

榛子是世界四大干果之一，又称山板栗、平榛子、毛榛子，是一种野生的名贵干果，主产于东北大兴安岭南部和东北部林区。

知识小贴士

榛子的果仁含油量达45%～60%，高于花生和大豆，具有补气、健胃、明目的功能。它既是糖果、糕点的主要辅料，也是榨油的主要原料。

14）板栗

板栗为落叶乔木毛榉科植物，为我国原产干果之一，主要产区在我国北方。9—10 月果实成熟。我国著名的品种有以下几个。

（1）京东板栗

京东板栗产于北京西部燕山山区。良乡是其集散地，因此又称良乡板栗。它个小、壳薄易剥、果肉细、含糖量高，在国内外市场上久负盛名。

（2）黑油皮栗

黑油皮栗产于辽宁省丹东。它个头大，每个 10 克以上，果壳色乌而有光泽，果实味醇，甘甜质细。

（3）泰安板栗

泰安板栗产于山东省泰安。它含糖量高，淀粉含量在70%以上，入口绵软，甘甜香浓。

（4）确山板栗

确山板栗产于河南省确山县。栗果苞皮薄，个头大（每千克70粒左右），色泽好，饱满且匀实，产量高且稳定，曾被评为全国优良品种，有“确栗”之称。

知识小贴士

板栗可做点心、栗羊羹等。保管栗子最好的办法是在凉爽的地方沙埋。栗子怕风、怕热。

[导入知识2]

水果花草类

1）鲜水果

中式面点制作工艺中常用的鲜水果原料主要有苹果、梨、山楂、樱桃、猕猴桃、草莓、橘子、香蕉、荔枝等。鲜水果原料既可以制馅、制酱包于面坯内，又可点缀面坯表面，起装饰、调味的作用。

（1）苹果

苹果因品种不同而有大小之分。一般呈圆、扁圆、长圆、椭圆等形状，分青、黄、红等颜色。

（2）梨

梨为中国原产，是一种生长适应性较强的水果。梨的果皮有黄白色、褐色、青白色或暗绿色等，果实近白色。梨的质地因品种而有差异，一般坚硬脆嫩，味有甜酸之别，汁有多少之分。

（3）山楂

山楂又名红果，为中国原产。常见的品种有敞口山楂、大金星、圆果山楂、方果山楂、葫芦头辽红、豫北红等。山楂皮红肉白，果肉酸甜，是较好的制馅原料。

（4）樱桃

樱桃果实小，球形，颜色鲜红。代表品种为中国樱桃中的短柄樱桃、大摩紫甘桃，其特点是果实大，肉质厚，汁多，味甜、酸适度。

（5）猕猴桃

猕猴桃原产于中国，是世界上近20年来一种日渐受欢迎的水果。猕猴桃果肉呈绿色或黄色，中间有放射状的小黄子，具有甜瓜、草莓、橘子的香味，是较好的装饰原料。

（6）草莓

草莓原产于南美洲，目前我国南北各地均有种植，并已成为主要的产区。草莓表皮鲜红而带有白色颗粒，肉质粉红，口味甜爽，是较好的盘饰原料。

（7）橘子

橘子原产于中国，主要分布于华南等地。橘皮极易剥落，果实呈月牙状，抱合成扁圆形，为鲜橙色、橙黄或黄色，口味酸甜。主要品种有四川红橘、浙江黄岩蜜橘、江西

南丰蜜橘等。

（8）香蕉

香蕉原产于亚洲南部，我国最早在华南地区种植，后在南方各地普及栽培，以广东最多。香蕉肉质熟时呈淡黄色，果皮易剥落，果肉呈白黄色，无种子，汁少味甘，柔软芳香。香蕉的主要品种包括香芽蕉、鼓槌蕉、糯米蕉、暹罗蕉等。

（9）荔枝

荔枝为中国原产，最早产于广东，现在南方分布较广。果实呈心形或圆形，果皮多数具有鳞斑突起，颜色有鲜红、紫红、青绿或白色等。荔枝著名的代表品种有三月红、糯米糍、桂味、淮枚等。

2）蜜饯类

蜜饯也称果脯，是将水果用高浓度的糖液或蜜汁浸透果肉加工而成，分带汁和不带汁两种。

带汁的蜜饯含水分较多，鲜嫩适口，表面显得比较光亮湿润，多浸在半透明的蜜汁或糖液中，故习惯称为蜜饯，有蜜枣、苹果脯、梨脯、橘饼等。

不带汁的蜜饯是通过煮制加入砂糖浓缩干燥而成，含水分少，习惯称为果脯，有青丝、红丝、青梅、瓜条等。

3）鲜花类

（1）桂花酱

桂花酱是将鲜桂花经盐渍后加入糖浆而制成的，以颜色金黄、有桂花盐渍的芳香味、无夹杂物者为佳。

（2）糖玫瑰

糖玫瑰是将鲜玫瑰花清除花蕊及杂质后，加入糖进行揉搓，再将玫瑰、糖分层码入缸中，经密封、发酵后制成。

> **知识小贴士**
>
> 桂花酱是南方地区如江浙沪一带制作点心时用于装饰或增加点心香味的辅助原料，如桂花拉糕、酒酿圆子、桂花糖年糕等点心。
>
> 糖玫瑰是北方地区如北京一带制作点心时用于装饰或增加点心香味的辅助原料，如百果月饼、玫瑰糕等点心。

[导入知识 3]

凝冻类

1）琼脂

琼脂又称洋粉、冻粉、琼胶。它是从海藻类植物石花菜以及数种红藻类植物中提取胶质，并经干燥制成的。根据制法不同，琼脂有条状、片状、粉状。品质优良的琼脂质地柔软、洁白、半透明、纯净干燥、无杂质。凡灰白色并带有黑点的琼脂质量较差。

知识小贴士

琼脂在水中加热后逐渐溶解，冷却时变成凝固透明块状，凝固性强。加入适量的琼脂溶液，可制成各种不同特点的凉点，如“小豆凉糕”“鲜奶九层糕”“水果冻”“杏仁豆腐”等。

2）明胶

明胶是胶原的水解产物，是一种无脂肪的高蛋白，且不含胆固醇，是一种天然营养型的食品增稠剂。食用后既不会使人发胖，也不会导致体力下降。明胶还是一种强有力的保护胶体，乳化性强，进入胃后能抑制牛奶、豆浆中的蛋白质因胃酸作用而引起凝聚作用，从而有利于食物消化。

明胶按用途可分为照相用、食用、药用及工业用 4 类。食用明胶是由猪、牛、骡、马皮子的角料，经除杂、消毒、蒸煮形成汁，再经脱水、制造形成的胶条、胶片、粉粒状物（一般常用粉粒状胶）。

知识小贴士

组成明胶的蛋白质中含有 18 种氨基酸，其中 7 种为人体所必需。除 16% 以下的水分和无机盐外，明胶中蛋白质的含量占 82% 以上，是一种理想的蛋白源。明胶的成品为无色或淡黄色的透明薄片或微粒。明胶不溶于冷水，但可缓慢吸水膨胀软化，明胶可吸收相当于其质量 5 ~ 10 倍的水。依据来源不同，明胶的物理性质也有较大的差异。其中，以猪皮明胶性质较优，透明度高，可塑性强。在面点制作中常用于做冻品类点心。

[导入知识 4]

活鲜水产品的保管

1）活水产品的保管

保管活水产品的目的是使之不死或少死。这主要取决于水中的含氧量。当含氧量低于一定程度时，会阻碍水产品的呼吸而使水产品因窒息死亡。水中的含氧量与温度有密切关系，水温越高，氧气的溶解度越低，同时，由于温度高增强了水产物的生理活动，加快了氧的消耗。因此，保管时水温要低，且水质要清洁。

2）鲜水产品的保管

鲜水产品的保管主要是利用低温保鲜。常用的方法有冰藏法、冷却海水保鲜法和冻藏法，其基本原理都是利用低温抑制微生物的活动，抑制其体内酶的活性。

[导入知识 5]

干货制品的保管

干货制品经过脱水干制，含水量仅为 10% ~ 15%，一般能长期存放。但是，若储存条

件不适宜或包装较差，也会发生受潮霉变和变色现象，使品质降低。

知识链接

干货原料在储存保管中应注意以下 3 点。

1. 包装应具有良好的防御性，以用塑料薄膜包装较好。
2. 储存环境应凉爽干燥，低温低湿。
3. 切忌与潮湿物品同存，或直接堆码在地面上，以防受潮。

[想一想]

制馅原料的保管

肉类保管的目的是保持最好的新鲜度。

1. 鲜肉的保管

鲜肉指屠宰后经过冷却，但未经低温冷冻的畜禽肉，即冷却肉。冷却肉应放入冰箱的冷藏室中保存，使肉的周围保持较高的湿度和较低的温度，以防止空气中的二氧化碳对肉表面血红素的变色作用，使肉保持鲜红的色泽。

2. 冻肉的保存

冻肉是指在 -23 ℃低温下冻结后，又在 -18 ℃的低温下储存一段时间的肉。冻肉应随加工随解冻，解冻之后的肉，肉色变白，肉汁流失，难以保存。因此，冻肉必须存放在冰箱的冷冻室中。

[布置任务]

提问 1

用鱼类原料制馅，最好选用什么质地的鱼？

提问 2

请列举 3 种用荤菜类原料制作的面点，3 种蔬菜类原料制作的面点。

[小组讨论]

把班级分成 4 组，每组根据教师给出的问题展开讨论，参照刚学的知识，也可以查阅相关资料，小组合作完成教师布置的任务。每组推荐 1 名学生代表介绍本小组的讨论结果，与全班学生一起分享任务完成情况，促进小组间的相互交流和提高。

任务完成情况评价表

组别：　　　　　　　　　　　　　　　　　　　　　　　　学生姓名：

序号	考核点	学生本人评价	组长评价	教师评价
1	学习态度与纪律			
2	参与讨论的能力			
3	学习积极性与主动性			
4	问题回答的准确性			
5	团队合作能力			

[练一练]

1. 面点中常用的蜜饯类、鲜花类制馅原料有哪几种？
2. 常用于制馅的干果类有哪些？
3. 南方五仁馅是指哪 5 种原料？
4. 干货原料在储存保管中应注意什么？
5. 怎样对鲜肉、冻肉进行保管？

项目 3　常用调辅原料

[学习目标]

【知识目标】

1. 掌握常用调辅原料的种类。
2. 掌握常用调辅原料的性质及正确选用常识。
3. 了解常用调辅原料的特性，以及调辅原料在面点制作中的作用及使用时的注意事项。

【能力目标】

1. 能够根据面点制作的要求合理地选择和使用调辅原料。
2. 能够鉴别调辅原料的质量，并能合理地保管。
3. 能够按面点制作的特点合理搭配调辅原料。

任务 1　认识调辅原料

[任务描述]

学生在老师的带领下，来到某生鲜超市“调辅原料”柜台，购买面点制作中最常用的调味料及辅助原料。老师通过实物介绍使学生认识各种常用于面点制作中的调味料及辅助原料。

[任务完成过程]

[看一看]

图 1.44　盐

图 1.45　白砂糖

图 1.46　冰糖

图 1.47　红糖

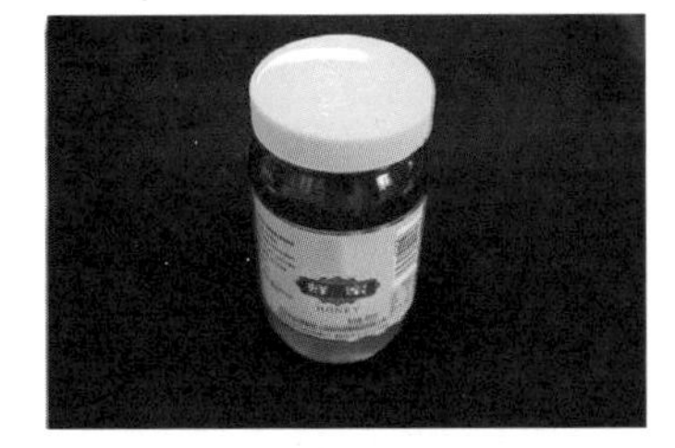

图 1.48　蜂蜜

图 1.49　麦芽糖

图 1.50　黄油

图 1.51　猪油

图 1.52　牛奶

图 1.53　炼乳

图 1.54　鸡蛋

图 1.55　小苏打

图 1.56　酵母

图 1.57　泡打粉

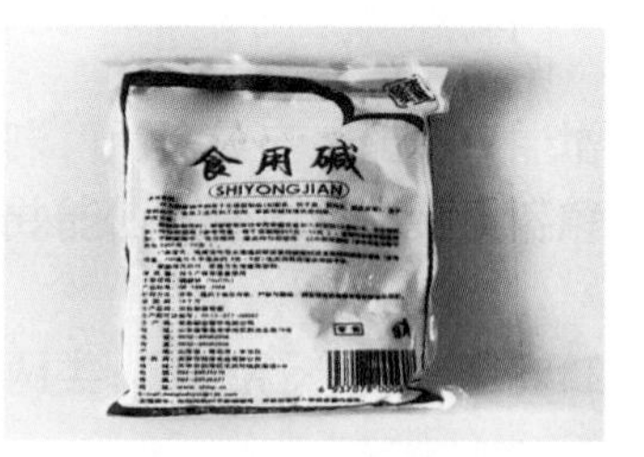

图 1.58　食用碱

图 1.59　食用色素

[学一学]

你知道吗？中式面点工艺中，能够辅助主坯原料成坯，改变主坯性质，使成品美味可口的原料，称为辅助原料。常用的辅助原料有糖、盐、油脂、乳、鲜蛋等。

你知道吗？膨松剂是面点加工工艺中的主要添加剂，它受热分解产生气体，使面坯形成多孔的组织，从而使制品膨松、柔软或酥脆。膨松剂有化学膨松剂和生物膨松剂两种。

[最新认识]

糖是面点制作的重要的辅助原料，它对面点制作工艺起着十分重要的作用，同时，也直接影响着面点制品的品质。糖不仅可以改善面团的性质，还是一种常用的调味料，对面点制品的品种、口味、质量等具有丰富和增进的作用。

[导入知识1]

1）蔗糖

（1）蔗糖的分类及特点

①白砂糖。白砂糖色泽洁白明亮，晶体均匀坚实，水分、杂质、还原糖的含量均低。由于生产中经过漂白、脱色，因此是蔗糖中的佳品。白砂糖具有熔点高、晶体粗大的特点。可以用其做点心的“冰花”装饰，如制作“冰花蛋球”等。但用其制作烤制品，相对不易上色。

②绵白糖。绵白糖色泽洁白而带有光泽，晶体细小而绵软，溶化快，易达到较高浓度。面点制作工艺中常用绵白糖与面粉混合调制主坯。还可以用作装饰花色点心，以求清爽、沙甜，如制作荷花酥、芙蓉糕等。

③冰糖。冰糖色白透明，成结晶体，颗粒粗大、坚实。它是白糖的再结晶体产品。面点制作工艺中常用于制作馅心，食用时发出清脆声。

④红糖。红糖呈赤褐色或黄褐色，有颗粒状和块状，略带糖蜜味，营养丰富，含铜、铁等矿物质较多。由于红糖本身所含的色素较多，能改变面点制品的色泽，因此在面点工艺中可用其炒制豆沙馅、枣泥馅。但要注意，红糖含杂质较多，使用时，应先将其溶成糖水，滤去杂质后再用。

> 知识小贴士
>
> 1. 中式面点工艺中常用的糖主要有蔗糖、饴糖和蜂蜜。
> 2. 蔗糖包括白砂糖、绵白糖、冰糖和红糖等。

（2）蔗糖在面点中的作用

①增加甜味，调节口味，提高成品的营养价值。

②供给酵母菌养料，调节面坯发酵速度，使面坯起发、增白。

③改善点心的色泽，美化点心的外观。调节主坯面筋的胀润度，保持成品的柔软性。

④具有一定的防腐作用，能延长成品的保存期。

2）饴糖

饴糖的主要成分是麦芽糖，人们也常称其为麦芽糖。广式点心工艺还称其为米稀和糖稀。

饴糖色泽较黄，呈半透明状，具有高度的黏稠性，甜味较淡。用大米制成的饴糖，色黄、质量好；用白薯淀粉为原料制得的饴糖，色较深，其气味、质量均较差。

> 知识小贴士
>
> 饴糖在面点中的作用：
>
> 1. 增进面点成品的香甜气味，使成品更具有光泽。
> 2. 提高制品的滋润性和弹性，起绵软作用。
> 3. 抗蔗糖结晶，防止上浆制品发烊、发砂。

3）蜂蜜

蜂蜜又称蜂糖，为黏稠、透明或半透明的胶体状液体，优良品质的蜂蜜用水溶解后静置一天，没有沉淀物。蜂蜜含糖、铁、铜、锰等营养物质较多，具有提高成品营养价值的作用。另外，蜂蜜还可增进点心成品的滋润性和弹性，使成品膨松、柔软、独具风味。

[导入知识 2]

盐的物理性质与运用

1）盐的形状

盐一般分为粗盐、洗涤盐和再制盐。

（1）粗盐

粗盐是从海水、盐井水中直接制成的食盐晶体。颗粒粗大，难于溶解，含杂质较多，略带苦涩味。

（2）洗涤盐

洗涤盐是粗盐经过水洗后的产品。洗涤盐颗粒较小，易于溶解。

（3）再制盐

再制盐又称精盐，是粗盐经过溶解、饱和、除杂、再蒸发后的产品。再制盐晶体呈粉末状，颗粒细小，色泽洁白，含杂质少。

> **知识链接**
>
> 盐在面点中的作用：
>
> 1. 盐可以改变主坯面筋的物理性质，增强主坯的筋力。
> 2. 盐的渗透压作用可以使主坯组织结构变得细密，使主坯显得洁白。
> 3. 盐可以促进或抑制酵母的繁殖，调节主坯发酵的速度。

2）油脂的物理性质与运用

中式面点制作工艺中较常用的油脂有猪油、黄油和植物油。

（1）猪油

猪油又称大油。常温下呈白色软膏状，有光泽，味香，无杂质，约 99% 为脂肪。中式面点工艺中常用其做酥皮类、单酥类的点心。用其炸制食品，成品色较白。

（2）黄油

黄油色淡黄，常温下呈软膏状，具有特殊的香味。有良好的乳化性、起酥性和可塑性。面点工艺中常用其做擘酥类的点心，效果较好。

（3）植物油

植物油色泽一般较深，呈液态状，有植物本身特有的气味，凝固点一般较低。面点工艺中常用于拌馅和作为熟制时的传热媒介。

知识链接

油脂在面点中的作用：

1. 增加香味，提高成品的营养价值。

2. 使主坯润滑、分层或起酥发松。

3. 具有良好的乳化性，可使成品光滑、油亮、色匀，并有抗“老化”作用。

4. 降低黏稠性，便于工艺操作。

5. 作为传热媒介，使成品达到香、脆、酥、松的效果。

3）牛乳及其制品的分类与运用

中式面点工艺中常用的有牛乳、炼乳和乳粉。

（1）牛乳

牛乳呈不透明的乳白色（或白中微黄），有乳香味，无苦涩味、酸味、腥味，加热后不发生凝固现象。面点工艺中用牛乳调制主坯或拌馅，不仅使成品有乳香味，而且使成品色白。

（2）炼乳

炼乳有甜炼乳和淡炼乳两种。它是牛乳经消毒、浓缩、均质而成的。有奶香味和良好的流动性，组织细腻，色白或淡黄。

（3）乳粉

乳粉有全脂乳粉和脱脂乳粉两种，是牛乳经浓缩和喷雾干燥制成的粉粒，色较白，有乳香味。

知识链接

牛乳及其制品在面点中的作用：

1. 提高面点制品的营养价值。

2. 改善主坯性能，提高产品的外观质量。

3. 增加成品的奶香味，使其风味清雅。

4. 提高成品抗“老化”的能力，延长成品的保存期。

4）鲜蛋的理化性质与运用

（1）鲜蛋的分类

中式面点工艺中最常用的鲜蛋是鸡蛋和鸭蛋，一般较少使用鸽蛋和鹌鹑蛋。鲜鸡蛋的蛋白是无色透明的黏性半流体，显碱性。鸡蛋黄呈黏稠的不透明液态，密度较小，常显弱酸性，色泽淡黄或深黄。鸡蛋黄中不仅含有较高的胆固醇，还含有十分丰富的卵磷脂和肌醇磷脂。鸡蛋营养丰富，易消化吸收，是一种理想的天然补品。

（2）鲜鸡蛋在面点中的作用

①提高成品的营养价值，增加成品的天然风味。

②鸡蛋清的发泡性能可改变主坯的组织状态，提高成品的疏松度和柔软性。各式蛋糕就是利用这一性能制成的。

③鸡蛋黄的乳化性能可提高成品的抗“老化”能力，延长成品的保存期。

知识小贴士

鸡蛋液可改变面坯的颜色，增加成品的色彩，如各式烘烤类点心，入炉前在其表面刷上一层鸡蛋液，即是为了使成品色泽金黄发亮。

[导入知识 3]

膨松剂的理化性质与运用

膨松剂是面点加工工艺中的主要添加剂，它受热分解产生气体，使面坯形成多孔的组织，从而使制品膨松、柔软或酥脆。膨松剂有化学膨松剂和生物膨松剂两种。

1）化学膨松剂

化学膨松剂可分为两类：一类是碱性膨松剂，如碳酸氢钠、碳酸氢铵；另一类是复合膨松剂，如发酵粉等。

（1）碳酸氢钠（$NaHCO_3$）的理化性质

碳酸氢钠又名小苏打，呈白色粉末状，味微咸，无臭味；在潮湿或热空气中缓慢分解放出二氧化碳。碳酸氢钠的用量一般应控制在 2% 以内。

（2）碳酸氢铵（NH_4HCO_3）的理化性质

碳酸氢铵又名臭粉，呈白色粉末状结晶，有氨臭味；热稳定性差，能在空气中风化，固体在58 ℃、水溶液在70 ℃时会分解出氨和二氧化碳。碳酸氢铵的用量一般应控制在1%以内。

（3）发酵粉的理化性质

发酵粉是由酸剂、碱剂和填充剂组合成的一种复合膨松剂。发酵粉呈白色粉末状，无异味；在冷水中分解，放出二氧化碳；水溶液基本呈中性，二氧化碳散失后，略显碱性。

知识小贴士

发酵粉在冷水中即可分解产生二氧化碳，因此，在使用时应尽量避免与水过早接触，以保证其正常的发酵力。

2）生物膨松剂

生物膨松剂主要是指利用酵母膨松剂，使面团膨松。酵母膨松剂包括压榨鲜酵母、活性干酵母、面肥 3 种。

（1）压榨鲜酵母

压榨鲜酵母又称鲜酵母，呈块状，乳白或淡黄色；具有酵母特殊的味道，无腐败气味，不黏，含水量在 75% 以下，较易酸败；发酵力强而均匀。

（2）活性干酵母

活性干酵母又称依士粉，呈小颗粒状，一般为淡褐色；含水量在 19% 以下，不易酸败；发酵力强。

活性干酵母在使用时一般需要加入 30 ℃的温水将其溶成酵母液，再加入少许糖，以恢复其活力。活性干酵母在使用中还应避免酵母液直接与食盐、浓度过高的糖液、油脂等物质混合。

（3）面肥

面肥是指含有酵母的面头。行业内称其为老面、老酵。面肥中除含有酵母菌外，还含有乳酸菌、醋酸菌等杂菌。

知识小贴士

面肥在使用时应将其放在面粉中间，加少许水（应根据气候的变化，调节水温）调制成面团，然后放在温暖的地方进行发酵。

[导入知识 4]

其他类辅助添加剂

1）食碱

食碱学名碳酸钠，有白色粉末状和白色块状两种，有苦涩味，水溶性呈碱性。

2）食用色素

食用色素是以食品着色为目的的添加剂，可分为食用合成色素和食用天然色素两种。

（1）食用合成色素

食用合成色素是以煤焦油为原料制成的，故通称焦煤色素或苯胺色素。食用合成色素的一般性质有溶解性、染着性和稳定性。我国允许使用的合成色素有苋菜红、胭脂红、柠檬黄、日落黄、靛蓝等。

（2）食用天然色素

食用天然色素是指由动植物组织中提取的色素。它包括红曲色素、叶绿素、胡萝卜素、糖色和紫草色素等；它与食用合成色素的区别在于：食用天然色素更加安全可靠，具有一定营养价值，色调自然，但它的溶解性差，不易染着均匀。

知识小贴士

食用色素的储存：合成色素应存于干燥、阴凉处；天然色素一般应在密封、遮光、阴凉处保存，不可直接接触铜、铁制容器。

3）食用香精

食用香精是食品用香精的简称，是指能够用于调配食品，增强或改善食品香味的物质，它能够增进人的食欲，有利于消化吸收。食用香精按照来源不同可分为天然香精和人工香精。天然香精主要是植物性香精，人工香精是以石油化工成品为原料经过合成而得到的化学物质。

目前常用的天然香精有八角、桂皮、胡椒、茴香、香叶等；常用的人工香精有香兰素及液态的柠檬、橘子、苹果、桂花、杏仁、红枣等。

[导入知识 5]

复合调味品

1）复合调味品的分类

（1）复合调味品的概念

复合调味品是指两种以上单一味调味品经加工再制而成的调味品。

（2）复合调味品的种类

复合调味品分为市场上常见的复合调味品和引进的复合调味品两大类。

中式面点工艺使用的市场上常见的复合调味品有甜咸味、鲜咸味、鲜甜味和咸辣味等品种。中式面点工艺使用的引进的复合调味品有液态的、粉状的和酱菜状的等。

2）市场上常见的复合调味品

（1）甜咸味

甜咸味尚有鲜香味，食之甜中有咸，咸中有鲜香。中式面点工艺中最常用的品种有甜面酱、面捞芡等。

①甜面酱。甜面酱以面粉为主要原料，与食盐经发酵制成，口味醇厚鲜甜。

②面捞芡。面捞芡以面粉、猪油、酱油、白糖、盐为原料制成，口味大甜大咸。

（2）鲜咸味

鲜咸味由咸味和鲜味组成，是复合味中最基本的一种。中式面点工艺中较常用的品种有五香粉、椒盐、腐乳等。

①五香粉。五香粉由八角、小茴香、桂皮、五加皮、丁香、甘草、花椒等各种香料加工混合制成，使用时略加盐，味浓香略咸。

②椒盐。椒盐由精盐和花椒粉混合而成，味咸鲜带香。

③腐乳。腐乳是用大豆先制成腐乳白坯，再经发酵、腌制、加入汤料、密封制成，具有强烈的鲜味浓郁的香味及咸味。

（3）香甜味

香甜味由香味和甜味组成。中式面点工艺中较常用的品种有桂花酱、糖玫瑰等。

①桂花酱。桂花酱由糖与桂花腌制而成，味甜清香，有桂花香味。

②糖玫瑰。糖玫瑰由玫瑰花糖渍而成。味甜有浓烈的芳香味。

（4）香辣味

香辣味的种类较多，主要由咸、香、辣、酸、甜等味调和而成，中式面点工艺中较常用的香辣味调味品有鲜辣粉、咖喱粉等。

①鲜辣粉。鲜辣粉由白胡椒粉和味精混合而成，具有胡椒的香辣和味精的鲜味。

②咖喱粉。咖喱粉是用姜黄、白胡椒、芫、小茴香、碎桂皮、干姜、大茴香、花椒等加工配制而成的，口味香中带辣。

3）引进的复合调味品

中式面点工艺中所用的引进的复合调味品有液态调味品，如柠檬汁、草莓汁等；粉状调味品，如吉士粉、咖喱粉等。酱菜状调味品，如番茄酱、咖喱酱、芒果酱、菠萝酱等。

[想一想]

食用油脂的变质是由什么因素引起的？为了防止其酸败变质，在保管中应注意以下几点。

1. 避免受热和日光直接照射。

2. 注意清洁卫生，防止微生物污染。

3. 将其与空气隔绝，避免氧化。

4. 避免使用含铜、铁、锰等元素的器皿，以及避免使用塑料容器长期存放油脂。

5. 油脂中的水分应保证不超过1%。

6. 动物油脂应低温保存。

[布置任务]

提问 1

中式面点制作选用的辅助原料油脂，常用的有哪几种？

提问 2

请列举用膨松剂制作的面点3种，并说明在膨松剂面点中起什么作用。

[小组讨论]

把班级分成4组，每组根据教师给出的问题展开讨论，参照刚学的知识，也可以查阅相关资料，小组合作完成教师布置的任务。每组推荐1名学生代表介绍本小组的讨论结果，与全班学生一起分享任务完成情况，促进小组间的相互交流和提高。

任务完成情况评价表

组别：　　　　　　　　　　　　　　　　　　学生姓名：

序号	考核点	学生本人评价	组长评价	教师评价
1	学习态度与纪律			
2	参与讨论的能力			
3	学习积极性与主动性			
4	问题回答的准确性			
5	团队合作能力			

[练一练]

1. 面点常用的辅助原料有哪些？
2. 牛乳及其制品在面点中的作用有哪些？
3. 油脂在面点中的作用有哪些？

4. 简述蔗糖的分类及特点。
5. 简述生物膨松剂的概念。

任务2　调辅原料的运用及保管

[任务描述]

学生在了解和认识常用的调辅原料后，进一步学习调辅原料在面点制作的运用及保管知识，为技能操作做好充分准备。

[任务完成过程]

[看一看]

图 1.60　生抽

图 1.61　老抽

图 1.62　黄酱

图 1.63　甜面酱

图 1.64　味精

图 1.65　鸡精

图 1.66　虾籽

图 1.67　蚝油

图 1.68　鱼露

图 1.69　咖喱粉

图 1.70　白胡椒粉

图 1.71　五香粉

图 1.72　辣油

图 1.73　香醋

图 1.74　吉士粉

图 1.75　果珍

图 1.76　番茄沙司

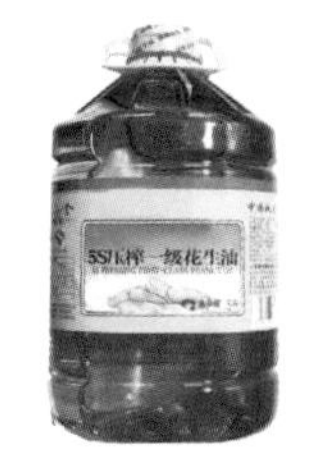

图 1.77　花生油

图 1.78　麻油

[学一学]

你知道吗？面点制作中，除将盐用作调味品外，调制面团有时也需要适量的盐，盐可以改善面团的性能，提高制品的品质。

你知道吗？

食品添加剂的保管

1. 防潮

因为大多数的食品添加剂在潮湿、高温或阳光下暴晒会失效、变色，有的甚至可能引起爆炸，所以，食品添加剂一般应该存放于避光、阴凉、干燥处保管，防止食品添加剂受潮，影响使用质量。

2. 密封

有些食品添加剂还须密封保存，防止失效。

[最新认识]

食盐、食糖、油脂等调辅原料，在面点制作中除能起到调味作用外，还可以改善面团的性能，它们均具有双重作用。

[导入知识 1]

咸味类

咸味是一种能独立存在的味，是烹饪中的主味，被称为“百味之王”，是绝大多数复合味的基础味。咸味不仅是一般菜品离不开的味，而且可与其他的味相互作用，产生一定程度上的口味变化。若咸味与酸味相结合，少量食盐可使酸味增强，微量食醋可使咸味增强。若咸味与甜味结合，咸味可使甜味突出，而适量的糖可降低咸味。咸味与鲜味结合，则可使咸味柔和，鲜味突出。

1）盐

盐是人们日常生活中不可缺少的调味品之一，适量的盐能保持人体心脏的正常活动，能维持正常的渗透压及体内酸碱的平衡。此外，盐还是一种防腐剂，利用盐的渗透力和杀菌作用可以保藏食物。我国所产的盐主要有以下 4 种。

（1）海盐

海盐由海水晒取，是食盐的主要来源，约占我国食盐总产量的 84% 以上，主要产区有辽宁、河北、山东、江苏等地。

（2）井盐

井盐用地下咸水熬制而成。我国四川、云南均有生产，而以四川自贡井盐的产量最多。井盐的产量占盐总产量的 8% 左右。因形状不同，又分花盐、巴盐、筒盐、砧盐 4 种。

（3）池盐

池盐又称湖盐。我国的池盐是天然产品，资源十分丰富。池盐从内陆的咸水湖中捞取，不用加工即可食用。青海的茶卡、察尔汗和内蒙古的雅布赖都是著名的池盐产区。

（4）矿盐

矿盐又称岩盐。矿盐是蕴藏在地下的大块盐层，经开采后取得，产量较少，仅占盐总产量的1%左右。矿盐中的无机盐含量很高，氯化钠含量达99%以上，接近加工精制盐的质量，但缺少碘质。新疆、青海等地均有出产。

知识链接

食盐按加工程度不同，又可分原盐（粗盐）、洗涤盐和再制盐等。原盐是从海水、盐井水中直接制成的食盐晶体，含有较多的杂质，除含有氯化钠外，还含有氯化钾、氯化镁、硫酸钙、硫酸钠和一定量的水分，所以有苦涩味。洗涤盐是以原盐（主要是海盐）用饱和盐水洗涤的产品。将原盐溶解，制成饱和溶液，经除杂处理后，再蒸发，这样制得的食盐即为再制盐。再制盐的杂质少，质量较高，晶粒呈粉状，色泽洁白，多作为食用。另外，还有人工加碘盐，可供一些缺碘的地区食用。近年来，厂家还逐步推出一些新产品，如鲜味盐、花椒盐、多味盐、蒜香盐等，以满足人们不同的口味需要，是良好的居家食用盐品种。

2）酱油

酱油是用量仅次于食盐的调味品，饮食业、家庭使用很广，全国年产量已达200多万吨。

酱油的成分比较复杂，除食盐外，还有多种氨基酸、糖类、有机酸、色素及香味成分。酱油以咸味为主，也有鲜味、香味等。它能增加和改善菜肴的口味，还能增添或改变菜肴的色泽。

酱油根据其所用的原料及生产方法的不同，基本可分为酿造酱油和化学酱油两大类。

（1）酿造酱油

酿造酱油用豆饼、麸皮、食盐等原料加水，经蒸煮、制曲、发酵制酱坯、滤汁液等过程，利用微生物发酵酿造而成。这种发酵法生产的酱油味厚鲜美，风味尤佳，全国各地均有生产。

（2）化学酱油

化学酱油的原料为豆饼及盐酸、纯碱、盐、水等，先利用盐酸将豆饼中的蛋白质水解，然后用纯碱中和，经煮焖加盐、水，再压榨过滤取得汁液，加入酱色制成。化学酱油生产方法简单，时间短，所含的氨基酸成分较高，味道很鲜，但没有酿造酱油那样的芳香味，且盐酸、纯碱及酱色都含有影响人体健康的有害化学物质，已停止生产。

3）酱

酱是一种很好的调味品，在烹调中用途较广，许多菜肴都要用到，既可作调味，也可作油炸菜点的蘸食使用。酱的品种很多，通常以咸味为主，但因用料不同，口味各有差别。酱属酿造制品，我国有悠久历史，流传于民间。过去制酱，多利用天然的霉菌自然成曲，以太阳热自然发酵，成熟慢，周期长，生产量低。现在采用通风制曲发酵新工艺，根据用料的不同，酱一般有三大类。

（1）黄酱

黄酱的主要用料是黄豆饼，是将黄豆饼粉碎加水拌匀，经蒸煮、制曲、发酵制成。色泽金黄、有酱香、咸淡适中、味长略甜。根据制酱时加水多少，有干黄酱和稀黄酱之分。

（2）面酱

面酱以面粉为主要原料与食盐经发酵制成。工序一般为：面粉加水拌匀蒸制，冷却后接种制曲，再入池发酵后磨细即成。颜色为红褐色或黄褐色，有光泽，味醇厚鲜甜。

（3）豆瓣酱

豆瓣酱由面粉和大豆或蚕豆经发酵制成，其生产工序为：豆用清水浸泡蒸熟，冷却后加面粉拌匀制曲，入池发酵后即成。豆瓣酱的颜色呈红褐色和棕褐色，有光泽，酱香浓郁，咸淡适口，味鲜醇厚，是良好的调味品。豆瓣酱主要产于四川、北京和安徽等地。

知识小贴士

食盐的保管

由于食盐吸湿性较强，易发生潮解、干缩和结块现象，因此，保管食盐时要求环境干燥、通风、清洁卫生，相对湿度低于70%，并避免用金属容器存放食盐。

[导入知识 2]

甜味类

甜味也是能在烹饪中独立存在的一种味，也可参与其他味型的复合。使用甜味调味品，有调味、提味的作用，并在某些菜点中起着色和增加光泽的作用。

知识小贴士

甜味调味品在使用时，温度、浓度对甜度有一定影响，温度高、浓度大，甜味就大，因此可以使咸味降低，酸味减弱。

1）糖

糖是用甘蔗、甜菜等原料加工制成的调味品，能增加菜点的甜味及鲜味，增添菜点的色泽，是甜味品中菜点的主要调味原料。

糖按制造方法，可分为机制糖和土制糖两大类；按色泽区分，可分为红糖和白糖两大类；按形状和加工程度的不同，又可分为白砂糖、绵白糖等。

（1）赤砂糖

赤砂糖色泽赤黄，晶粒均匀稍大，甜度较高。

（2）绵白糖

绵白糖色泽洁白而具有光泽，晶粒细小而软绵，溶化快，易达到较高浓度。

（3）白砂糖

白砂糖是糖中质量最好的一种，其颗粒为结晶状，均匀，颜色洁白，甜度稍低于赤砂糖和绵白糖，但甜味纯正，在烹饪中常用。

（4）红糖

红糖颜色有赤红、红褐、青褐、黄褐等几种，一般呈粉状，甜度较高，但不纯，有时有

焦味，以色浅者质量较好。

（5）冰糖

冰糖色白透明，呈结晶块状，颗粒粗大，坚实，是蔗糖的再制品，也可将浓糖浆直接制成，甜味纯净，质量较高。

（6）方糖

方糖是优质白砂糖的再制品，主要用于制作清凉饮品。

2）麦芽糖

麦芽糖是粮食类淀粉水解产生的双糖类，甜味不大，一般呈稠浓液态，黄褐色，可作为糖色的原料。在烹饪中，通过稀释后常作为烘烤制品的辅助材料，以增加菜肴、面点的色泽和香味。

3）蜂蜜

蜂蜜由蜜蜂采花蜜酿成，通常是透明或半透明的黏性液体，带有花香味。蜂蜜的主要成分为糖类，其中 60% ~ 80% 是人体容易吸收的葡萄糖和果糖。蜂蜜主要作为营养滋补品、药用和加工蜜饯食品及酿造蜜酒之用，也可代替糖作调味或着色用。

知识小贴士

食糖的保管

由于食糖具有怕潮、吸湿、结块、干缩、吸收异味及变色的特性，储存时应注意选择干燥、通风的环境，相对湿度应保持在 60% ~ 65%，温度以常温为好。

[导入知识 3]

鲜味类

鲜味是不能在烹饪中独立存在的味，需要在咸味的基础上才能发挥作用，但它是一种重要味别，为许多复合味型或菜点中调味不可缺少的味道。鲜味是人们在味感上所追求的美味。

1）味精

味精是烹饪中常用的鲜味调品，它的主要化学成分为谷氨酸钠。味精从大豆或小麦面筋及其他含蛋白质较多的物质中提炼制成，现在多用淀粉经发酵制成。味精有的呈结晶状，有的呈粉末状，除含有谷氨酸钠外，还含有少量的食盐。我国规定按谷氨酸钠量的多少，味精有 99%，95%，90%，80%，60% 等规格。全国各地均有生产。

2）虾籽

虾籽是由虾类繁殖的卵子干制而成，因含有丰富的卵黄蛋白，不仅营养丰富，而且具有强烈的鲜味。虾籽可以作为一种调味品，其色棕红，微粒状，我国沿海各地均有出产。

3）蚝油

蚝油是利用鲜牡蛎加工干制时煮的汤汁，添加淀粉、酱油等辅助原料，经浓缩后调制而成的一种液体调味品。

> **知识小贴士**
> 蚝油含有牡蛎肉浸出物中的各种呈味成分，具有浓郁的鲜味。蚝油是我国广东等地的特产，色泽棕黑，汁稠滋润，鲜香浓郁。在烹调中，蚝油既可作炒、烧菜肴的调味，又可供蘸食使用。蚝油主要起提鲜、增香、压异味、提色、补咸的作用。

4）鱼露

鱼露是利用鲜鱼加工干制时煮的汤汁，添加精盐、酱油等辅助原料，经浓缩调制而成的一种调味品。

鱼露含有鱼肉浸出物中的各种呈味成分，既有酱油的风味，又有鱼品特有的荤香味，还富含维生素A、维生素D和蛋白质。鱼露具有浓郁的鲜味，色泽微黄、汁滋润，在烹调中主要起提鲜、增香、压异味等作用。

5）蟹油

蟹油是利用鲜螃蟹的膏黄与蟹肉浸出物，加入精制油进行加工后，经过特殊提炼熬制而成的，富含维生素A、脂肪、蛋白质，以及少许的钙质、磷质、铁质等。具有浓郁的蟹品特有的鲜蟹荤香味，色泽金黄，油亮滋润，在烹调中主要起提鲜、增香、增添菜品风味等作用。

[导入知识4]

辣味类

辣味也称辛味，是一种强烈刺激的味感反应。辣味在烹饪中也不能独立运用，需与其他诸味配合才能发挥作用，是形成各种辣味型复合味的重要味别。

> **知识小贴士**
> 在烹饪中使用的辣味调味品多为辣味原料的加工制品。辣味能开胃，增进食欲，促进消化，因此，辣味品也是人们普遍喜欢的家常调味品。辣味类的调味品主要有咖喱粉、胡椒粉、辣油和芥末粉。

1）咖喱粉

咖喱粉是以姜黄粉（中药料）为主，加上其他香辛原料，如芥子、姜、茴香、肉桂皮等碾制而成，具有独特的香味，颜色姜黄，味辣而香，主要产于上海。咖喱粉使用较广，中餐、西餐都有使用。用咖喱粉调味的菜品在色、香、味上都富有特色。咖喱粉和油熬制还可制成油咖喱。

2）胡椒粉

胡椒粉由胡椒果实碾压而成，有黑胡椒粉和白胡椒粉两种。胡椒果实在未成熟时摘取晒干并碾成粉末后即为黑胡椒粉，呈灰棕色。成熟的胡椒果实用盐水浸渍后，在阳光下晒干，用脱皮机除去果皮再碾成粉末即为白胡椒粉。白胡椒粉苛烈味及芳香均较黑胡椒粉为弱，唯气味较佳。胡椒粉含有胡椒碱和挥发油等成分，味苦辣而芳香，是良好的辣味调味品。

3）辣油

辣椒果实成熟后经干制变红成干辣椒，再与精制油熬制提炼后成为辣油。由于辣椒含有苛烈性的辣椒素成分，因此其辣油制品辣味很强烈。加工后的辣油制品因为辣椒含有红色素多，所以呈黄棕色或棕红色。辣油在烹调中应用广泛，拌菜、烧菜、炒菜均可使用，也可蘸食。

4）芥末粉

芥末粉由芥菜籽碾磨而成，有黑芥末粉和白芥末粉两种，它们来源于两种不同品种的芥菜籽。黑芥末粉为黄棕色，味极刺鼻带辛辣味；白芥末粉呈淡黄色，味刺鼻。两者成分相似，其辣味主要由芥末油产生，芥末粉多用于凉拌菜，也可放入汤内食用，还可制作辣酱油。芥菜在我国南方栽培比较普遍。

[导入知识 5]

香味类

香味类调味品是指具有浓厚香味，用来增加菜品香味的一种调味料品种。香味呈复合型味道，需在咸味或甜味等基础上才能发挥。香味料品种很多，可分天然香料和合成香料两大类，根据香味类型又可分为芳香类、酒香类、苦香类等。

1）五香粉

五香粉是由花椒、八角、桂皮、丁香花蕾、茴香子5种调料混合加工制成的香味调味品，呈粉末状，色泽微红，具有综合香味。

2）花椒粉

花椒粉是用花椒树的果实制成的，花椒一般在立秋前后成熟，呈红色或淡红色，是良好的调味佐料。花椒含有花椒油香烃、水芹香烃、香叶醇、香草醇等化学成分。花椒成熟干制碾制成粉末后可增香味。

3）吉士粉

吉士粉是由淀粉、变性淀粉、食用色素、食用香精、天然香料、乳化剂、稳定剂等加工混合制成的粉末状的特殊香料。香味呈复合型味道，色泽微黄。在烹调菜肴或面点制作过程中主要起添香、增色等作用。

[导入知识 6]

酸味类

酸味在烹饪中是不能独立存在的味，必须与其他味合用才起作用，因此是构成复合味的主要调味品原料。酸味类的调味品主要是食醋，现也有其他调味品。

1）醋

醋在烹饪中是重要的调味品之一，以酸味为主，且有芳香味，用途较广。醋不仅能增加鲜味和香味，还能在食物加热过程中保护维生素 C 不受破坏，并能使烹饪原料中钙质溶解而利于人体吸收，且对细菌也有一定的杀灭和消毒作用。

醋因原料和制作方法的不同，可分为酿造醋和人工合成醋两类；从色泽分有白醋和红醋两种。

> **知识小贴士**
>
> 酿造醋的原料以含糖或淀粉的粮食为主，以谷糠、稻皮为辅料，经糖化、酒精发酵、下盐、淋醋等工序制成。因所用原料和酿造方法的不同，酿造醋一般分为米醋、熏醋和糖醋 3 种。

（1）米醋

米醋是以发酵成熟的白醋坯直接过淋的一种食醋，色泽黄褐，有芳香味，质量较好，根据其酸度的不同分为超级米醋、高级米醋、一级米醋（总酸度分别为 6%，4.5% 和 3.8%）。米醋除调味食用外，在中药中还可作药引。

（2）熏醋

熏醋又名黑醋，原料与米醋相同，不同之处是将成熟的白醋坯装入缸内在 80 ~ 100 ℃的温度下熏制 10 天左右，成为熏坯，再以熏坯和白坯各半，加入适量的花椒和大料，经过淋取的食醋即为熏醋。熏醋色泽较深，具有特殊的熏制风味，存放时间越长香味越浓。熏醋根据酸度不同可分为高级熏醋、特级熏醋和一级熏醋（总酸度分别为 6.2%，5.5% 和 5%）。熏醋在烹饪中普遍使用，多用于食用。

（3）糖醋

糖醋主要原料是饴糖，加曲和水拌匀封缸，经 60 ~ 100 天成熟后，取其上面澄清的透明液即为糖醋，其色泽较浅，也叫白醋，味纯酸。糖醋由于酸味单调，缺乏香味，且易长白膜，故质量不及米醋、熏醋。

人工合成醋是用冰醋酸加水稀释而成，称为醋酸醋。醋中含有醋酸 3% ~ 5%，酸味大，无香味，使用时应根据需要稀释和控制用量，由于冰醋酸有一定的腐蚀性，调味效果并不好，因此目前市场供应极少。

2）番茄酱

番茄酱是由新鲜的成熟番茄去皮、去籽磨成的糊状物，含有多种有机酸，如苹果酸、柠檬酸等，还含有丰富的维生素 A 和维生素 C。番茄酱口味酸甜、颜色鲜红，也是良好的做菜调味品。

3）番茄沙司

番茄沙司加工工序与番茄酱相似，再经加水稀释后，加一定比例的糖、稳定剂等制成。营养丰富，甜酸适口，颜色鲜红，有光泽。番茄沙司在烹调菜肴中被广泛使用，也可蘸食。

4）果珍

果珍是由精制砂糖、柠檬酸、柠檬酸钠、磷酸三钙、羧甲基纤维钠、维生素C、维生素B_2、维生素B_6、维生素A、β-胡萝卜素、食用香精（含微量小麦淀粉）、食用色素（二氧化钛、柠檬黄、日落黄）等精制而成。果珍营养丰富，口味酸甜适口，颜色橙黄，有一定的清香气味，是老少皆宜的理想即冲饮品，也能作为酸味调味品。

[导入知识7]

油脂类

常用的油脂可分为植物油（素油）和动物油（荤油）两类。它们分别是从植物果实部分和动物体的脂肪组织中提取供人们食用的油脂。植物油有豆油、菜籽油、花生油、芝麻油等；动物油有猪油、牛油、羊油、黄油等。

1）植物油

植物油是用植物的果实，经处理后压榨提炼出来的，主要有以下品种。

（1）豆油

豆油是从大豆中压榨出来的。按加工程度的不同可分为粗豆油、过滤豆油和精制豆油。粗豆油呈黄褐色，精制豆油大多数呈淡黄色，黏性较大。使用变质大豆所榨的油呈深棕色。豆油在空气中放久后，油面会形成不坚固的薄膜。豆油较其他油脂营养价值高，我国人民都喜欢食用。

（2）菜籽油

菜籽油又名菜油，是用油菜籽榨出的油。普通菜籽油呈深黄色，有特殊气味，且具涩味，属干性油类。粗制菜籽油呈黑褐色，精制菜籽油则为金黄色。菜籽油主要产区以长江流域及西南地区为主，是我国的主要食用油脂之一，产量居世界第一位。

（3）花生油

花生油是从花生仁中提取的油，按加工方法和精制程度的不同，有毛花生油、过滤花生油和精炼花生油3种。毛花生油呈深黄色，含较多的水分和杂质，浑浊不清，但可食用。过滤花生油较为澄清，但不易保管，耐储性差。精炼花生油透明度较高，呈浅黄色，所含水分和杂质较少，因经碱制除去了游离酸，不易酸败，是良好的食用油。花生油主要产区在华东、东北等地，各地区人民多喜食用。

（4）芝麻油

芝麻油又称麻油、香油，是由芝麻提炼出来的油，因有特殊的香味，故称香油。按加工方法的不同，芝麻油分为冷压芝麻油、大槽油和小磨香油。冷压麻油无香味，色泽金黄，多供出口。大槽油为土冷压麻油，香气不浓。小磨香油是以传统工艺方法提取的麻油，具有浓厚的特殊香味，呈红褐色。麻油的耐储性较其他植物油强，在保管中很少发生氧化酸败。我国麻油产量居世界第一位，约占世界总产量的2/3，河南、湖北两省为主要产区。

除以上几种外，随着人们视野的开阔和现代科学的发展，越来越多的食用植物油被开发使用，如橄榄油、猕猴桃油、油莎豆油等，都是油质纯正、性能稳定、不易酸败的优质食用油，正在被人们逐步运用。另外还有椰子油、红花籽油、棕榈仁油、茶籽油、葵花子油等，也为人们所食用。

2）动物油

动物油是通过对动物性的脂肪组织进行熬炼提出的，通常的方法有干炼法和水煮法两种。干炼法就是把生的动物性脂肪原料直接放入锅内熬炼。水煮法则是将动物性脂肪与水共煮或让蒸汽直接进入生脂肪原料中，使细胞受热破裂，油滴溶出，水分蒸发掉后油即可取出。水煮法提取的油脂质量优于干炼法。

（1）猪油

猪油是从猪的脂肪组织，如板油、肠油和皮下脂肪层肥膘中提炼出来的。从猪的骨骼中提取的油称为骨油。用板油熬炼的猪油质量较优。优良的猪油在液态时透明清澈；在10 ℃以下呈白色的固态软膏状，有良好的滋味。浅黄色及淡灰色的猪油质量较次。

猪油的熔点较羊油、牛油低，一般低于人的体温，容易被吸收，是饮食业使用最普遍的食用油脂。

知识小贴士

猪油存放时间不宜过长，特别在温度高的夏天极易与空气接触而发生氧化，致使酸败变质。酸败变质的猪油会产生“哈喇味”，不宜食用。

（2）牛油

牛油由牛体中的脂肪组织熔炼而成。优质的牛油凝固后为淡黄色或黄色。呈淡绿色或淡灰色则质较次。牛油在常温下呈硬块状态。牛油的熔点高于人体的体温，不易被人体消化吸收，在烹调中使用很少。

（3）羊油

羊油是从绵羊或山羊的体内脂肪中提炼出来的。优质的羊油经熔炼冷却后，呈白色或淡黄色。轻度淡灰色或淡绿色的羊油质较次，色泽再深时不能食用。羊油在常温时比牛油更硬。绵羊油膻味较轻，山羊油膻味较重。羊油不易消化，在烹调中使用极少。

（4）黄油

黄油即乳脂，又称白脱，是由牛乳中提取的油脂。其加工方法为：将牛乳用油脂分离机分出稀乳脂后，经发酵（或不发酵）、搅拌、凝集、压制即成黄色固体状的黄油。黄油含脂肪在80%以上，其余大部分为水和少量乳糖、蛋白质、维生素、矿物质与色素等，营养丰富，在西餐中应用广泛。因加工方法不同，黄油有淡和咸两种，一种可涂抹在面包上直接食用，另一种适用于配制糕点、糖果。黄油现在逐渐被中餐接受使用。

除上述的品种外，平时见到的食用动物油脂还有鸡油和鸭油。鸡油和鸭油是从鸡和鸭的脂肪组织中熔炼出来的，其熔点很低，颜色金黄，量虽不大，但用其烹制菜肴风味甚佳，尤其是鸡油，能增加菜肴的色泽和滋味。

知识小贴士

鲜蛋的保管

鲜蛋保存中有“四怕”，即一怕水洗，二怕高温，三怕潮湿，四怕苍蝇叮。鲜蛋保存时，应采用低温保存，不用水洗，保持干燥，保证环境卫生。

[想一想]

食用油脂的保管

食用油脂的变质主要是酸败。在酸败过程中，会产生哈喇、苦、酸和辛辣等异味。同时，油脂的色泽发生改变，透明度降低，浑浊不清，沉淀物增多。

食用油脂的变质是由许多因素引起的。为了防止其酸败变质，在保管中应注意以下几点。

1. 避免受热和日光直接照射。
2. 注意清洁卫生，防止微生物污染。
3. 将其与空气隔绝，避免氧化。
4. 避免使用含铜、铁、锰等元素的器皿，以及避免用塑料容器长期存放。

[布置任务]

提问 1

调味原料食盐，在面点制作中还能够起什么作用?

提问 2

请列举用植物油、动物油来增加面点香味的面点 3 种，并说明在面点中各起什么作用?

[小组讨论]

把班级分成 4 组，每组根据教师给出的问题展开讨论，参照刚学的知识，也可以查阅相关的资料，小组合作完成教师布置的任务。每组推荐 1 名学生代表介绍本小组的讨论结果，与全班学生一起分享任务完成情况，促进小组间的相互交流和提高。

任务完成情况评价表

组别：　　　　　　　　　　　　　　　　学生姓名：

序号	考核点	学生本人评价	组长评价	教师评价
1	学习态度与纪律			
2	参与讨论的能力			
3	学习积极性与主动性			
4	问题回答的准确性			
5	团队合作能力			

[练一练]

1. 食用油脂怎样进行保管?
2. 食品添加剂怎样进行保管?
3. 鲜蛋怎样进行保管?
4. 咸味类调味料包括哪些?
5. 甜味类调味料包括哪些?

模块 2

面团调制原理

模块描述

✧ 面团调制原理是学习中式面点制作很重要的一个模块内容，通过详细介绍面团的分类方法和面团特性，以及对面团调制原理及面团制作工艺的学习，学生能够正确掌握面团调制的基本技法，为学生科学地调制面团提供理论依据，为技能操作做好充分准备。

模块目标

✧ 掌握面团的基本概念和形成特性。
✧ 了解各类面团的调制原理。
✧ 掌握面团的制作工艺。
✧ 了解影响面团性质的各种因素。

模块内容

✧ 项目 1　各种面团的特性
✧ 项目 2　面团制作工艺

项目 1　各种面团的特性

[学习目标]

【知识目标】

1. 了解水调面团的特性。
2. 了解膨松面团的特性。
3. 了解油酥面团的特性。
4. 了解米粉面团的特性。

【能力目标】

1. 能够根据面点制作的要求合理选用水调面团。
2. 能够根据面点制作的要求合理选用膨松面团。
3. 能够根据面点制作的要求合理选用油酥面团。
4. 能够根据面点制作的要求合理选用米粉面团。

任务 1　面团的认识

[任务描述]

学生在了解和认识了面团的分类方法后，进一步学习各种面团的特性，能够正确掌握面团调制的基本技法，为面团制作工艺学习作铺垫，为面点制作学习做好准备。

[任务完成过程]

[看一看]

图 2.1　水调面团

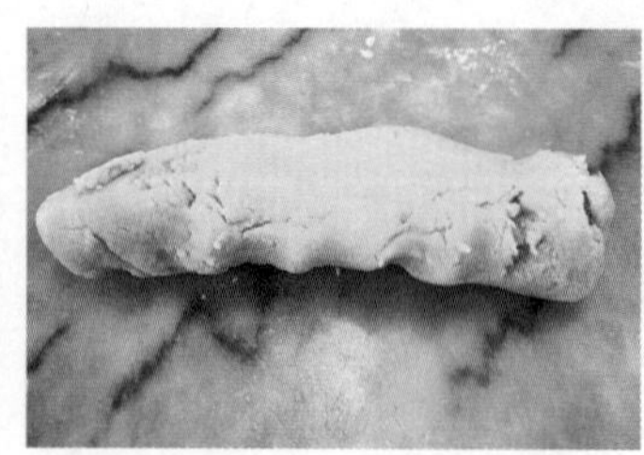

图 2.2　单酥面团

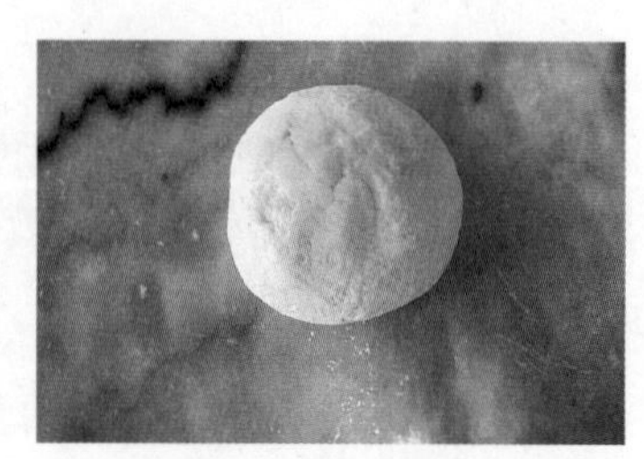

图 2.3　酥面

图 2.4　澄粉面团

图 2.5　糯米粉

图 2.6　粘米粉

[学一学]

你知道吗？面团，就是指将各种粮食或粮食粉料（主要是面粉、米粉、杂粮等）拌和均匀，加以揉搓，使之相互粘连而形成的整体团块。

你知道吗？水调面团，是指面粉掺水（有些加入少量填料如盐、碱等）调制的面团。面团的特点：结构严密，质地坚实，内无蜂窝孔洞，体积也不膨胀，故又称为“呆面”，富有劲性、韧性和可塑性。

[最新认识]

中式面点制作中常用的有水调面团、膨松面团、油酥面团、米粉面团、其他面团。

[导入知识 1]

水原性主坯工艺

1）概念

水原性主坯是粉料加水直接拌合调制而成的主坯。有些主坯由于特殊需要，可加一些辅料或调味品（如盐、碱、糖、乳腐等）。

2）水原性主坯的类型

水原性主坯根据工艺中所用水温不同，可分为冷水面团、温水面团和热水面团 3 类。

（1）冷水面团

冷水面团是用冷水（30 ℃以下）与面粉调制的面坯。

（2）温水面团

温水面团是用温水（50 ℃左右）与面粉调制的面坯。

（3）热水面团

热水面团是用热水（70 ℃以上）与面粉调制的面坯，又称烫面。

3）水原性主坯适用面点

①冷水面团适宜制作面条、馄饨、水饺、锅饼、小笼包、春卷等面点品种。

②温水面团适宜制作冠顶饺、一品饺、鸳鸯饺、四鲜饺、知了饺等面点品种。

③热水面团适宜制作鲜肉烧卖、虾肉烧卖、鲜肉锅贴、月牙蒸饺、烫面炸糕等面点品种。

[导入知识 2]

膨松性主坯工艺

1）概念

膨松性主坯，就是在调制面团过程中加入适当的膨松剂或采用特殊方法，使面团经过生物变化、化学反应和物理作用，从面团组织内部产生空洞，从而形成海绵状结构。

2）膨松性主坯的类型

①生物膨松面团是由生物膨松剂、面粉、水等调制而成的，具有酥松、柔软、略带筋性和可塑性等特性。

②化学膨松面团是在面团中添加化学膨松剂，使面团产生一系列化学反应而膨胀松软的一种方法。

③物理膨松面团又称机械搅拌法，是利用机器高速搅打，使面团中的原料互溶、乳化，裹入大量气体从而体积膨松的一种方法。

3）膨松性主坯适用面点

①生物膨松面团适宜制作鲜肉中包、三丁包子、冬菜包、银丝卷等面点品种。

②化学膨松面团适宜制作油条、蜜麻花、苹果包、佛手包等面点品种。

③物理膨松面团适宜制作鲜奶棉花环、油蛋糕等面点品种。

[导入知识 3]

油酥性主坯工艺

1）概念

油酥性主坯又称油酥面团，是用油、面粉、水或其他辅料作为主要原料制作而成的。油酥制品（酥皮类）由两块不同质感的面团组成：一块是水油面，另一块是干油酥，通过擀制形成层次。用油酥性主坯做成的油酥制品，可以做比较精细、高档的面点品种。除一般操作比较简单的酥饼、酥饺之类适合大众化供应外，还适合于中、高档宴席面点。

2）油酥性主坯的类型

（1）单酥

单酥属于单皮类，俗称“混合酥面”。单酥由于配料和制作方法的不同，又可分为浆皮类、混酥类及甘露酥类等。单酥制品具有酥松的特点，但不分层次，从其性质上讲，也可属于膨松面团类，因其主要是用油脂和面粉调制而成，故归入油酥性主坯。

（2）层酥

层酥属于酥皮类，层酥皮面主要用于包制干油酥，起组织分层的作用，由于它含有水分，因此具有良好的造型和包捏性能。层酥面主坯一般分为以下3类。

①水油面。以水油面为皮，干油酥为心制成的水油皮类层酥，也是中式面点中最常见的一类层酥。

②水蛋面。以水蛋面与黄油酥层层间隔叠制而成的层酥，这种层酥在广式点心中最常见。

③发酵面。以发酵面主坯为皮，干油酥为心的酵面类层酥，在各地方性小吃中较常见。

3）层酥性主坯酥皮的种类

（1）明酥

经过开酥制成的成品，酥层明显呈现在外的称为明酥。明酥按切制刀法的不同又可分为直酥和圆酥两种。

①直酥。形状呈直线形的称为直酥。

②圆酥。形状呈螺旋形的称为圆酥。

（2）暗酥

经过开酥制成的成品，酥层不呈现在外的称为暗酥。

（3）半暗酥

经开酥后制成的成品，酥层一部分呈现在外，另一部分呈现在里，称为半暗酥。

知识小贴士

化学膨松法概念

化学膨松法就是利用某些化学品在面团中产生一系列化学反应使面团膨胀松软的一种方法。这类化学品，就叫化学膨松剂。

化学膨松面的类型

化学膨松面主坯按所用膨松剂的性质，一般分为两大类：一类是用发酵粉、碳酸氢钠、碳酸氢铵调制的主坯，如松酥皮、甘露酥皮等。另一类是矾、碱、盐结合使用调制的主坯，如油条面坯等。

[导入知识4]

米粉面主坯工艺

1）概念

米粉面团，是指米粉掺水调制的面团，由于米的种类较多，如糯米、粳米、籼米等，可以调制不同的米粉面团，在制法上加以适当运用，也能制成丰富多彩的点心，如糕、团、饼、粉等，倍受大众的欢迎，特别是盛产稻米的地区，米粉面团制品占有重要的地位。

2）米粉面主坯的类型

（1）米粒面团

米粒面团是用稻米作为原料加工调制的。稻米中富含淀粉质，黏性重而韧性少，营养丰富，适宜做各种面点。米粒面团可以制作粢饭糕、粢饭团、糯米凉卷等面点品种。常用的有糯米、粳米和籼米3种。

①糯米。糯米又称江米，主要产于江苏南部、浙江等地。特殊品种有江苏常熟地区的“熟血糯”和陕西洋县的“黑米”。糯米的特点：硬度大、黏性大、涨性小，色泽乳白，不透明，但熟制后有透明感。

②粳米。粳米主要产于东北、华北、江苏等地。北京的“京西稻”、天津的“小站稻”都是优良的粳米品种。粳米粒形短圆而丰满，色泽蜡白，半透明。其特点是硬度高，黏性大于籼米而涨性小于籼米。

③籼米。籼米又称机米。我国大米以籼米产量最高，四川、湖南、广东等地产的大米都是籼米。籼米粒细而长，颜色灰白，半透明者居多，其特点是硬度中等，黏性小而涨性大，口感粗糙而干燥。

（2）米粉面团

米粉面团是用稻米以不同的加工方法磨成粉制作的面团。常用的有糯米粉、粳米粉和籼米粉3种。由于这3种米的性质不同，因此加工成粉团后，它们的物理、化学性质也有所不同。米粉面团可以制作各种糕、团等面点品种。

①糯米粉。糯米粉因为含有大量的支链淀粉，所含的蛋白质是吸水后不能形成面筋的谷蛋白和谷胶蛋白，所以一般不能制作发酵点心，但可以做青团、双酿团、条头糕等面点。

②粳米粉。粳米粉由于含有83%的支链淀粉，所含的蛋白质也是吸水后不能形成面筋的谷蛋白和谷胶蛋白，因此也不能制作发酵点心，但可以做粢饭糕、年糕、松糕等面点。

③籼米粉。由于籼米粉含有30%的支链淀粉，因此只有籼米粉尚可制作发酵点心，但发酵力不大，要用交叉膨松法来制作发酵制品。籼米粉可以做伦教糕、棉花糕、米饭饼等面点。

3）米粉磨制的方法

（1）水磨

将大米用冷水浸泡透，至能用手捻碎，连水带米一起上磨，磨成粉浆，然后装入布袋，将水挤出即成。水磨粉粉制细腻，制成品软糯滑润。水磨粉因含水分较多，夏季容易变质、结块、酸败，不易保存。

（2）湿磨

将大米用冷水浸泡透，至米粒松胖时，捞出晾尽水，上磨磨成细粉。湿磨粉软滑细腻，制成食品质量较好。湿磨粉因含水分较多，不易保存。

（3）干磨

将各类稻米不经加水，直接上磨磨制成粉。干磨粉含水量少，不易变质，易于保管，但粉质较粗，成品口感较差。

知识小贴士

米粉面主坯适宜制作八宝饭、糯米夹沙糕、豆沙方糕、椰丝糯米糍、粢毛团等面点。

[导入知识 5]

其他面主坯工艺

1）概念

其他面主坯主要是指面粉、米粉的特殊加工以及粗粮（小米、玉米、高粱等），薯类，豆类，菜类（土豆、山药等），果类（马蹄、菱角、莲子等），蛋类，鱼类、虾类等经过加工成为皮坯，制成多种具有独特风味特色的面点。

2）其他面团类型

（1）澄粉面团

澄粉面团是将澄粉与适量的开水混合，烫熟后揉捏而成的面团，一般具有色泽洁白、呈半透明状，细腻柔软，口感嫩滑，蒸制品爽，炸制品脆的特点。

（2）糕粉面团

糕粉面团是将糯米经过特殊加工磨制澄粉再制作的面团，其吸水性强，一般用于馅心，不作为点心主坯使用。

（3）粗粮面团

粗粮面团是以玉米、高粱、小米及各类豆类为主要原料加工成粉料或泥蓉后制作而成的面团，具有柔软滋润、营养丰富的特点。

（4）薯类面团

薯类面团是将薯类去皮蒸熟后趁热加入其他粉料等揉搓而成的面团。一般具有松软可口、薯香味浓的特点。

（5）果蔬类面团

果蔬类面团是将原料去皮煮熟，压烂成泥。过筛再加入粉料、调味料制作而成的面团，具有果蔬本身特有的滋味和色泽，一般凉点爽脆、甜软；咸点松软、鲜香、味浓。

（6）鱼蓉面团

鱼蓉面团是将鱼肉剁碎成蓉，放入盆内加盐，分次逐渐加水用力打透搅拌，直至发黏起胶，再加入其他调味品最后加入生粉搅拌而成的面团，具有爽滑鲜嫩的特点。

（7）虾蓉面团

虾蓉面团是将虾肉洗净吸干水，剁碎成蓉，用精盐将其搅打至发黏起胶再加入生粉拌匀而成的面团，具有味道鲜美，软硬适度，无虾腥味，营养丰富的特点。

知识小贴士

鱼蓉面坯工艺中要注意：搅拌鱼蓉要始终顺着一个方向用力，不可倒搅或乱搅，否则鱼胶松散，不能产生黏性。

[想一想]

糯米分为粳糯和籼糯两种。粳糯米粒阔扁，呈圆形，其黏性较大，品质较佳。籼糯米粒细长，黏性较差，米质硬，不易煮烂。

粳米又分为上白粳和中白粳等品种。上白粳色白，黏性较大；中白粳色稍暗，黏性较差。

[布置任务]

提问1

中式面点制作中常用的有哪几种面团？

提问2

请列举3种用米粉面团制作的面点，并说出这3种面点的特点。

[小组讨论]

把班级分成4组，每组根据教师给出的问题展开讨论，参照刚学的知识，也可以查阅相关资料，小组合作完成教师布置的任务。每组推荐1名学生代表介绍本小组的讨论结果，与全班学生一起分享任务完成情况，促进小组间的相互交流和提高。

任务完成情况评价表

组别：　　　　学生姓名：

序号	考核点	学生本人评价	组长评价	教师评价
1	学习态度与纪律			
2	参与讨论的能力			
3	学习积极性与主动性			
4	问题回答的准确性			
5	团队合作能力			

[练一练]

1. 水原性主坯的类型有哪些？
2. 膨松性主坯的类型有哪些？
3. 层酥性主坯酥皮的种类有哪些？
4. 其他面主坯工艺有哪些？
5. 膨松性主坯的特点有哪些？

任务2　熟悉面团的调制方法

[任务描述]

学生们在熟悉了面团的调制方法后，对不同面团的特性有进一步的了解，使学生能够正确掌握面团调制的方法，为面团制作工艺学习作铺垫，为面点制作学习做好准备。

[任务完成过程]

[看一看]

图 2.7　掺水

图 2.8　和面

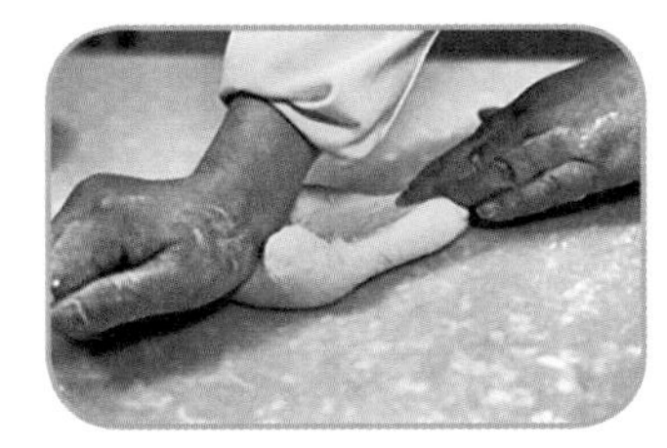

图 2.9　揉面

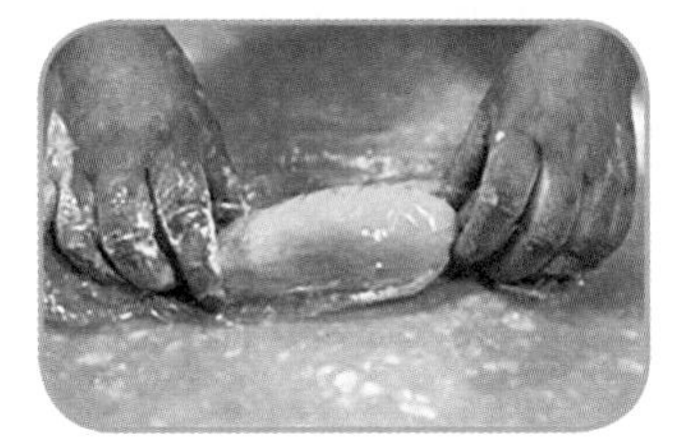

图 2.10　饧面

[学一学]

你知道吗？水原性主坯调制工艺，可以分为冷水面团调制、温水面团调制、热水面团调制3种类型。

你知道吗？酵面膨松法调制工艺，传统的有大酵面主坯调制工艺、嫩酵面主坯调制工艺、碰酵面主坯调制工艺、烫酵面主坯调制工艺、呛酵面主坯调制工艺。

[最新认识]

热水面烫好后，必须摊开冷却，再揉和成团。否则制出的成品表面粗糙，易结皮，影响口感。

[导入知识 1]

水原性主坯调制工艺

1）冷水面团调制工艺

（1）调制方法

将面粉倒入盆或面案中，加入冷水，用手抄拌、揉搓，使水与面结合成坯，经反复揉制使面表面光滑，有劲，不黏手，再盖上洁净的湿布或保鲜膜静置即成。有时根据点心品种的需要，在冷水面里加入少量的盐或碱，可以提高面坯的弹性和筋力。

（2）调制要领

冷水面主坯调制时，要经过下粉、掺水、拌和、揉搓等过程，应注意以下几点。

①掌握掺水比例。掺水量的多少，主要根据成品需要而定，还要考虑气候的冷热、空气的湿度和面粉的质量。

②掌握掺水的次数。调制时水要分次掺入，先将面粉调成雪花状的面片，然后再加入少许的水将雪花状的面粉揉成团。注意水不可一次加足，一次加水太多，面粉一时“吃”不进去，会造成“窝水”现象，使面黏手。

③水的温度要适当。由于面粉中的蛋白质是在冷水条件下生成面筋网络的，因此必须用冷水和面，才能保证冷水面团的特点。但在冬季时，可用 30 ℃的水和面。

④揉面时要用力揉搓。冷水面中致密的面筋网主要是靠揉搓力量形成的，只有用力反复揉搓，才能使面坯光滑，不黏手。

⑤和好面后要盖上洁净的湿布饧置。揉好的面团要静置 5 ~ 10 分钟，饧面可以使面坯中未吸足水分的颗粒进一步充分吸水，更好地生成面筋网，提高面坯的弹性和光滑度，使面坯更滋润，成品更爽口。饧面时加盖湿布的目的是防止面坯风干，发生结皮现象。

2）温水面团调制工艺

（1）调制方法

将面粉倒入盆内，加温水进行调制。手法与冷水面基本相同。但由于用这种方法调制的主坯一般比较黏手，且适用的品种范围较小，因此常采用先往面中加入 50% ~ 70% 的沸水，用面杖拌匀再加入其余部分的冷水将面和匀的方法。这种面柔软，有可塑性且不黏手。

（2）调制要领

温水面主坯既要有冷水面主坯的韧性、弹性筋力，又要有冷水面主坯的黏性、糯性、柔软性，因此在调制时要注意以下两点。

①水温准确。直接用温水和面时，水温以 60 ℃左右为宜。水温太高，面坯过黏而无筋力；水温过低，面坯劲大而不柔软，无糯性。

②散发主坯中的热气。温水面坯和好后，需摊开冷却，再揉和成团。和好面后，主坯表面也需刷一层油或盖上洁净的湿布饧面。

> **知识小贴士**
>
> 根据温水面团调制方法不同，行业内将其分为半烫面和三生面两种。
>
> 1. 半烫面。半烫面是指先用部分沸水将面粉烫半熟，再加适量冷水将面和成有糯性、柔软、光洁的面坯。
>
> 2. 三生面。三生面是指在十成面粉中，用沸水烫熟七成，再与三成冷水面揉和成有糯性、柔软、光洁的面坯。

3）热水面团调制的工艺

（1）调制方法

热水面团调制有以下两种方法。

①面粉开窝，将热水浇入面中，边浇边用面杖搅拌，基本均匀后，倒在抹过油的案板上，洒些冷水揉成团，即可使用。

②将 1 000 ~ 1 100 克水放入锅中，上火烧开，开小火，往沸水中倒入面粉 500 克，用面杖用力搅匀，烫透后出锅，放在抹好油的案板上晾凉，揉团后即可使用。

（2）调制要领

调制热水面主坯时，要求达到黏、柔、糯，应注意以下几点。

①掺水量要准。热水面坯调制时的掺水量要准确，水要一次掺足，不可在面成坯后调整。补面或补水均会影响主坯的质量，造成成品黏牙现象。

②热水要浇匀。热水与面粉要均匀混合，否则坯内会出现生粉颗粒而影响成品质量。

③动作要迅速。热水面坯调制时动作要迅速，速度要快，反之会影响面坯的质量。

④及时散发主坯中的热气。热水面烫好后，必须摊开冷却，再揉和成团。否则制出的成品表面粗糙，易结皮、开裂，严重影响质量。

⑤烫面时，要用木棍或面杖搅拌，切不可直接下手，以防烫伤。

⑥面和好后，表面要刷一层油或盖上湿布，防止表面结皮。

知识小贴士

水原性主坯面适宜制作鲜肉小笼、各种水饺、花式蒸饺、锅贴、面条、韭菜盒子、油炸糕等面点。

[导入知识 2]

生物膨松法

1）酵母膨松法调制工艺

酵母膨松面是中式面点工艺中应用最广泛的一类大众化主坯。全国各地均有自己习惯的调制方法，只是在下料上略有不同。下面介绍两种常见的下料调制工艺。

（1）压榨鲜酵母调制工艺

取 20 克压榨鲜酵母，加入适量温水（30 ℃），用手捏和成稀浆状，再加入 1 000 克面粉、适量的水、糖和成面坯，静置饧发后即可发酵。

发酵时需注意两点：第一，稀浆状的发酵液不可久置，否则易酸败变质。第二，压榨鲜酵母不能与盐、高浓度糖液、油脂直接接触，否则因渗透压作用会破坏酵母细胞，影响面坯的正常发酵。

（2）活性干酵母调制工艺

将干酵母 5 克溶于 50 克、30 ℃的温水中，加入糖 10 克，使其恢复生物功能，加速繁殖。静置 0.5 小时后，加入面粉 500 克及适量的水和成面坯，再一次饧发，即可发酵。这是传统的第二次发酵法。

近年来，由于食品添加剂生产技术水平提高，许多厂家生产的活性干酵母质量好，发酵力强。可将干酵母 5 克、泡打粉 7 克、白糖 10 克、温水约 300 克、面粉 500 克一次混合，直接饧发成酵面坯。相对于传统的第二次发酵法，它又可称为一次发酵法。

2）酵面膨松法调制工艺

酵面膨松面是用面肥调制发酵的主坯，采用的是传统工艺膨松的方法。面肥又称老酵、酵种，它是含有酵母菌的面头。由于面肥内除了含有酵母菌外，还含有醋酸菌、乳酸菌等杂菌，因而酵种发酵后有酸味，需兑碱去掉酸味。酵面膨松法调制工艺难度较大，要根据气候、面肥的老嫩度、水温的高低、时间的长短、成品的要求等综合因素调制面坯。

（1）大酵面主坯调制工艺

大酵面一般是以面粉 500 克，面肥 100 ~ 150 克，加水一次发足的面坯。由于它发酵时间相对较长，使用面肥相对较多，酵面膨松程度大，故称为大酵面主坯。大酵面主坯适宜于制作各类花色大包、花卷等面点。

（2）嫩酵面主坯调制工艺

嫩酵面是在水调面中加入少许面肥，稍加饧发后即使用。嫩酵面主坯由于发酵时间短，且饧发不充分，因此既有膨松面的膨松性，又有水调面的韧性。嫩酵面主坯适宜于制作镇江蟹黄汤包、无锡小笼等面点。

(3)碰酵面主坯调制工艺

碰酵面是用较多的面肥和水调面团拼合在一起经揉搓而成的酵面，不需要发酵时间，直接可以制作成品，皮坯既有韧性又有膨松性，有些地区称为半发面。碰酵面主坯适宜于制作千层油糕、黄桥烧饼等面点。

(4)烫酵面主坯调制工艺

烫酵面是将面粉倒入盆内，中间扒一小窝，以质量比 2 ∶ 1 的面水比例倒入沸水，抄拌成雪花状，稍凉后，经揣、捣、揉等手法使其成坯，再加入面肥（面：肥 = 10 ∶ 3），揉揣均匀后待其发酵。烫酵面主坯适宜于制作生煎馒头、大饼等面点。

(5)戗酵面主坯调制工艺

戗酵面就是在面肥中戗入干面粉，揉透成的酵面，它有两种常见的调制方法。一种是用兑好碱的大酵面，戗入 30% ~ 40% 的干面粉调制而成（即 500 克大酵面中戗 150 ~ 200 克干面粉）。用这种方法制出的成品，吃口干硬，有筋力和咬劲，可做戗面馒头、高桩馒头等。另一种是在面肥中戗入较多的干面粉和糖，调制成团进行发酵，发酵时间与大酵面相同。这种方法要求发足、发透，然后加碱制成成品。它的特点是制品柔软、香甜、表面开花，适宜于制作开花馒头、叉烧包等面点。

3）碱水泡制与验碱

(1)碱水泡制方法

日常使用的碱液，是由碱面和碱块两种原料，经过加水浸泡或加水煮制而成的，以每 500 克碱加水 210 ~ 300 克为宜，浸泡至溶化即可。

(2)验碱方法

验碱是对用碱量是否准确的一种检验操作。常用的方法有嗅、看、听、抓（揉）、尝、试样（蒸、烤、烙）等。

> 知识小贴士
>
> 生物膨松面适宜制作豆沙包、蔬菜包、钳花包、鲜肉包、寿桃包、如意卷等面点。

[导入知识 3]

化学膨松面的调制工艺

化学膨松面主坯除面粉和化学膨松剂外，大多还含有油、糖、蛋、乳、水等原料，因而它除了具有膨松性以外，还具有酥脆性。

1）发酵粉类主坯调制工艺

将一定比例的面粉与化学膨松剂（发酵粉、碳酸氢钠、碳酸氢铵）一起过筛，面粉倒在案板上开成窝形，化学膨松剂撒在面粉的边缘，将其他辅料（油、糖、蛋、乳、水）按成品的要求放入窝内，用手掌将辅料混合擦均匀，再拨入面粉，用复叠法和成面坯。

由于这类面坯含油、糖、蛋较多，且具有疏松、酥脆、不分层次的特点，因此又称为“单酥”或“硬酥”。调制这类面坯时，调制手法一定要采用复叠的方法。揉搓会使面坯上劲、泻油，影响成品的质量。

2）矾、碱、盐主坯调制工艺

先将矾用刀拍成细末，矾与盐下入盆内，加适量水，使矾、盐完全溶化，再将其余部分的水与碱面溶化后倒入矾、盐溶液内，然后迅速将面粉倒入盆内，用揣拌、复叠等手法将面调制成面坯。

知识小贴士

化学膨松面适宜制作萨其马、凤梨酥、杏仁酥、开口笑、油条等面点。

[导入知识 4]

物理膨松法的调制工艺

物理膨松法，又称机械搅拌膨松法，俗称调搅法。这种方法是利用机械或人工的力量将鸡蛋高速搅拌，以及利用鸡蛋具有打进气体和保持气体的性能，将大量空气打入蛋液中，然后与面粉调制成蛋泡面主坯，成品熟制后，面团内所含气体受热膨胀，从而使成品松发柔软。

1）蛋泡面主坯的调制

将鸡蛋液放入盆内，用蛋抽子（或机器）高速搅打，使之互溶、均匀乳化成乳白色泡沫状，待蛋液中充满气体且体积增加3倍以上时，再加入面粉和其他辅料，用抄拌法将面与蛋液拌匀，倒入刷好油的盆内或模印中蒸或烤即成。

2）调制蛋泡面主坯的要领

①选用含氮物质高、灰分少、胶体溶液的稠浓度强、包裹气体和保持气体能力强的新鲜鸡蛋。

②最好选用过筛的低筋面粉。

③抽打蛋液要先慢后快，始终朝一个方向不停地抽打，直至蛋液呈乳白色、稠浓的细泡沫状，能立住筷子为止。

④所有工具、容器必须干净无油。

⑤面粉与蛋液抄拌时间不宜过长，否则面筋增长会影响产品质量。

知识小贴士

物理膨松面适宜制作清蛋糕、水果蛋糕、麦地拉蛋糕、马拉糕等面点。

[导入知识 5]

单酥性主坯调制工艺

1）调制方法

单酥性主坯是由面粉、油脂、蛋、糖、水等原料一次混合揉和而成。投放主辅料的种类和比例应根据品种的需要而决定。混酥类制品一般都需要加入化学膨松剂，以使成品熟制后

更酥松。混酥类制品不分层次，皮坯具有酥、松、香等特点。

2）调制要领

①投料比例要准确。

②掌握原料投放的程序。

③调制面坯时，不能上劲，采用复叠法。

知识小贴士

单酥性主坯适宜制作鸡籽饼、桃酥饼、蛋黄莲蓉酥、甘露酥、花生饼等面点。

[导入知识6]

层酥性主坯调制工艺

1）水油面调制工艺

（1）调制方法

以面粉500克、猪油125克、水275克的比例，将原料调和均匀，经搓擦、摔打成柔软而有筋力、光滑而不黏手的面团即成。

（2）调制要领

①面粉、油和水的比例要准确。

②根据制品要求采用不同水温。

③根据制品要求掌握掺水量。

④面团调制后，要盖上湿布或保鲜膜饧面。

知识小贴士

层酥性主坯适宜制作菊花酥饼、佛手酥、黄桥烧饼、鲜肉月饼、豆沙酥卷等面点。

2）水蛋面调制工艺

（1）调制方法

以面粉650克、鸡蛋150克、水约300克的比例，将原料和匀揉透，整理成方形，入平盘进冰箱冷冻片刻，取出包入黄油酥，擀制、折叠3次即成。

（2）调制要领

①面粉、蛋和水的比例要准确。

②用冷水调制面团。

③面团和油酥的软硬度要一致。

④面团调制后，要盖上湿布或保鲜膜饧面。

知识小贴士

水蛋面主坯适宜制作叉烧酥、牛肉酥卷、咖喱肉饺、蛋挞等面点。

3）发酵面调制工艺

（1）调制方法

以面粉500克、干酵母5克、泡打粉7克、水约300克的比例，将原料和匀揉透，盖上湿布饧10～20分钟。将面团包入干油酥200克，经过擀制将面坯一折三即成。

（2）调制要领

①投料比例要准确。

②根据气候采用不同水温。

③面团和油酥的软硬度要一致。

④面团调制后，要盖上湿布或保鲜膜饧面。

> **知识小贴士**
>
> 发酵面主坯适宜制作蟹壳黄、香脆饼、盘香饼、油酥大饼等面点。

[导入知识7]

层酥性主坯开酥方法

开酥又称包酥、破酥。层酥面主坯开酥的方法很多，有辅酥、抹酥、挂酥、叠酥等，其中最常见的是大包酥和小包酥。

1）大包酥的开酥方法

将水油面按成中间厚、边缘稍薄的圆形，取干油酥放在中间，将水油面边缘提起，捏严收口，擀成长方形薄片，再卷成筒形，按量下出多个剂子。这种先包酥、后下剂且一次可以制成许多剂子的开酥法称为大包酥。

大包酥的特点是速度快、效率高、适合大批量生产，但酥皮不易均匀。

2）小包酥的开酥方法

先将水油面与干油酥分别揪成小剂子，以水油面包干油酥，收严剂口，经擀、卷、叠制成单个剂子。这种先下剂、后包酥，一次只能做出一个剂子的开酥方法称为小包酥。

小包酥的特点是速度慢、效率低，但起酥较均，成品精细，适宜做高档宴会点心。

3）制作要领

①水油面与干油酥面团的软硬要一致。

②干油酥要均匀地分布在水油面中便于擀制、包捏。

③擀制时双手用力要均匀，少撒干粉。

④开酥后，卷筒要卷紧，两头不能露酥。

⑤切剂时刀口要快，下刀要利落，防止层次粘连。

⑥下剂后盖上湿布或保鲜膜，以防表面结皮起壳，影响成形。

[导入知识8]

米粉面主坯调制工艺

1）调制方法

米粉面团主要是由糯米粉、粳米粉和籼米粉等粉调制的，由于这3种粉的特性不同，为了更好地符合制品的制作要求，一般调制米粉面团都要进行掺粉。以下介绍几种常用的掺粉方法。

（1）糯米粉和粳米粉掺和

根据品种的要求，糯米粉和粳米粉可以不同比例掺和制成混合面团，掺和的比例要以米粉的质量来决定，一般为糯米粉60%，粳米粉40%，或糯米粉80%，粳米粉20%，可根据各种因素灵活掌握。其制成品软糯、润滑。这种粉用途最广，可以做各种松糕、团子。

（2）米粉和面粉掺和

米粉中加入面粉能使粉团中含有面筋质，可以50%糯米粉，30%粳米粉，20%面粉的比例三合而一调制成团，也可在磨粉前将各种米按一定的比例掺和好，再磨制成粉与面粉混合，其性质糯滑而有劲，做出成品不易变形，有韧性和软糯感。这种粉可做象形点心、苏州船点等。

（3）米粉和粗粮粉（泥或蓉）掺和

米粉可与豆粉、薯粉、小米粉、高粱粉、玉米粉等直接掺和为一体制作成品，也可以和土豆泥、芋头泥、胡萝卜泥、豌豆泥等杂粮混合制成面坯。用这种方法制成的成品具有粗粮的天然色泽和原料本来的香味，而且口感软糯、营养价值高。

2）调制要领

①根据制品的要求，掌握合理掺粉的比例。
②根据不同原料的需要，掌握合理掺水的比例。
③调制米粉面团时，适当加入糖、油可以改善制品的口感。

[导入知识9]

其他面团调制工艺

1）调制工艺

薯类洗涤改刀→上笼蒸熟→去皮成泥加入面粉、米粉等调制成团。

2）调制方法

将马铃薯、红薯等原料清洗干净后切成块状放进蒸笼，蒸熟取下，撕去表皮，用刀压碾成泥。根据品种的需要，加入面粉、米粉等粮食粉料及盐、糖等调味料，揉匀成团。

3）调制要求

①薯类必须蒸熟、蒸透。
②压泥时要压制细腻。
③掺粉时应根据品种要求掌握比例。

[想一想]

主坯的质量标准是什么?

1. 口味

主坯成熟后的口味来源于3个方面：一是原料的本身之味，为本味；二是外来添加之味，为调味；三是成熟转化之味，为风味。风味是本味和调味的综合体现，它确定了点心品种的口味。每一种主坯都应具有其本身特有的口味，口味的形成与下料、成熟方法有密切关系。衡量主坯口味质量的标准有香、鲜、浓、清、醇、甜、咸等。

2. 质感

主坯质感是形成点心特色的关键，它与主料的品种、工艺操作过程及成熟方法有密切关系，每一种主胚都应具有其本身的质感特征。衡量主坯质感特征的标准有松、软、糯、滑、膨松、酥脆等。

3. 形态

每一主坯都有自己典型的形态特征。辅料的比例和工艺手法是影响主坯形态的重要因素。衡量主坯形态的标准有层次、丰满、形状、精巧、别致、象形等。

4. 颜色

每一主坯制作的点心均应有其典型的色泽标准，它与原料的种类、数量、成熟方法及火力、油温的大小有密切关系。衡量主坯色泽的质量标准有白、雪白、黄、浅黄、金黄、棕红及原料本身特有色等。

5. 营养价值

主坯营养价值的高低取决于所用原料本身营养成分的含量和加工工艺中对营养素破坏的程度。凡营养丰富、加工后有利于人体吸收利用的，营养价值就高。有些主坯虽原料营养丰富，但加工后营养素被破坏或不利于人体吸收，这样的主坯营养价值就低。

[布置任务]

提问1

中式面点制作有哪几种面团组合?

提问 2

请列举用 5 种面团制作的点心各一款，并说出面团的特性。

[小组讨论]

把班级分成 4 组，每组根据教师给出的问题展开讨论，参照刚学的知识，也可以查阅相关的资料，小组合作完成教师布置的任务。每组推荐 1 名学生代表介绍本小组的讨论结果，与全班学生一起分享任务完成情况，促进小组间的相互交流和提高。

任务完成情况评价表

组别：　　　　　　　　　　　　　　　　　　　　学生姓名：

序号	考核点	学生本人评价	组长评价	教师评价
1	学习态度与纪律			
2	参与讨论的能力			
3	学习积极性与主动性			
4	问题回答的准确性			
5	团队合作能力			

[练一练]

1. 冷水面团调制应注意哪些要点？
2. 酵面膨松法调制有哪几种类型？什么叫面肥？
3. 什么叫单酥性主坯？
4. 水油面调制的要领有哪些？
5. 米粉面团如何进行掺粉？
6. 其他面主坯是指哪些？

项目 2　面团制作工艺

[学习目标]

【知识目标】

1. 了解水调面团的制作工艺。
2. 了解膨松面团的制作工艺。
3. 了解油酥面团的制作工艺。
4. 了解米粉面团的制作工艺。

【能力目标】

1. 能用水调面团制作点心。
2. 能用膨松面团制作点心。

3. 能用油酥面团制作点心。
4. 能用米粉面团制作点心。

[任务描述]

学生们在了解和认识了面团调制方法后，能用正确的调制方法来制作点心，使学生能够掌握面团调制的正确基本技法，为面点制作学习做好准备。

任务 1　木鱼水饺制作

[任务描述]

我们平时吃的点心有很多种，其中水饺也是大家常食用的品种，尤其是北方客人把水饺当作主食来食用。水饺的馅心有多种，外形也有不同，今天我们学做木鱼形状的鲜肉馅水饺。

[任务完成过程]

[看一看]

图 2.11　拌馅　　图 2.12　掺水　　图 2.13　揉面

图 2.14　饧面　　图 2.15　搓条　　图 2.16　下剂

图 2.17　按剂　　图 2.18　擀皮　　图 2.19　上馅

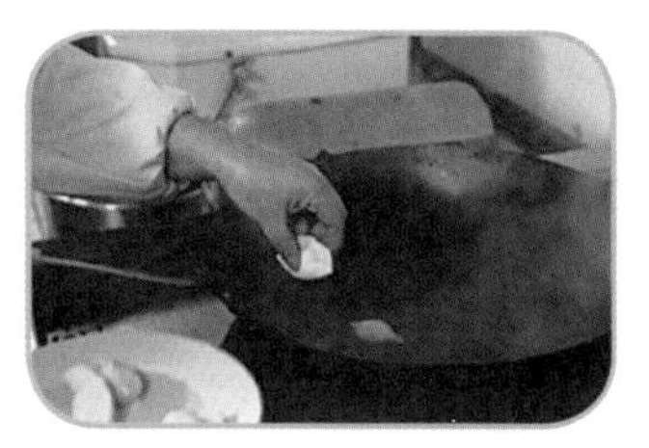

图 2.20 包捏　　图 2.21 成熟

[学一学]

1）木鱼水饺的操作步骤

（1）拌制馅心

①将夹心肉糜放入盛器内，加入盐、料酒、胡椒粉。

②逐渐掺入葱姜汁水搅拌，再加入糖和味精搅拌，最后加入麻油。

（2）调制面团

①面粉围成窝状，将冷水倒入面粉中间，用右手调拌面粉。

②将面粉先调成雪花状，再洒少许水调制，揉成较硬面团。

③左手压着面团的另一头，右手用力揉面团，把面团揉光洁。

④用湿布或保鲜膜盖好面团，饧 5 ~ 10 分钟。

（3）搓条、下剂

①两手把面团从中间往两头搓拉成长条形。

②左手握住剂条，右手捏住剂条的上面，用力摘下剂子。

③将面团摘成大小一致的剂子，剂子分量每个为 8 克。

（4）压剂、擀皮

①把右手放在剂子上方。剂子竖直往上，右手掌朝下压。

②右手掌朝下，用力压扁剂子。

③把擀面杖放在压扁的剂子中间，双手放在擀面杖的两边，上下转动擀面杖将剂子擀成薄形皮子。

（5）包馅、成形

①用左手托起皮子，右手用馅挑将馅心放在皮子中间，馅心分量为 10 克。

②左右手配合，将馅心皮子对折成月牙形，两边粘住。

③左右手交叉，稍微用力对捏饺子，自然捏出花纹。

（6）作品成熟

①把盛入水的锅放在炉灶上，点火，待水烧沸后，放入水饺。

②水饺放入后，用手勺轻轻地沿着锅底推水饺。

③煮水饺时应用中火，待煮沸时，加入少许冷水，继续煮到饺子再浮起即可捞出。

2）木鱼水饺的制作要领

①水量要控制，面团揉光洁。

②皮子擀圆整，中间厚边薄。

③馅心要居中，馅心量要足。

④包捏手法要正确，饺子形状如木鱼。

3）木鱼水饺的质量标准

①色泽洁白。
②形态饱满，大小均匀。
③皮薄馅大，吃口鲜嫩。

[想一想]

你知道吗？制作木鱼水饺需要用到：
设备：面案操作台、炉灶、锅、手勺、漏勺等。
用具：电子秤、擀面杖、面刮板、馅挑、小碗等。
原料：面粉、夹心肉糜、葱、姜等。
调味料：盐、糖、味精、胡椒粉、麻油等。

[布置任务]

提问 1

木鱼水饺是用什么面团制作的？

提问 2

冷水面团应采用怎样的调制工艺流程？

提问 3

木鱼水饺是用的何种成熟方法？

[小组讨论]

小组合作完成木鱼水饺制作的任务，进行小组技能实操训练，共同完成教师布置的任务，在制作中尽可能符合岗位需求的质量要求。

1. 任务分配

①把学生分为 4 组，每组发 1 套馅心及制作的用具，学生将肉糜加入调味料拌成馅心。馅心口味应该是咸甜适中，有香味。

②每组发 1 套皮坯原料和制作工具，学生自己调制面团，经过搓条、下剂、压剂、擀皮、包馅、成形等几个步骤，包捏成木鱼形状的水饺，大小一致，形态美观。

③提供炉灶、锅、手勺、漏勺给学生，学生自己点燃煤气，调节火候。煮熟水饺，品尝成品。水饺口味及形状符合要求，口感鲜嫩。

2. 操作条件

工作场地需要 1 间 30 平方米的实训室，设备需要炉灶 4 个，瓷盘 8 只，擀面杖、辅助工具各 8 套，工作服 15 套，原材料等。

3. 操作标准

水饺要求皮薄馅大，吃口鲜嫩，外形像木鱼。

4. 安全须知

水饺要煮熟才能食用，成熟时小心火候及锅中的水烫伤手。

[技能测评]

被评价者：____________

训练项目	训练重点	评价标准	小组评价	教师评价
木鱼水饺制作	拌制馅心	拌制时按步骤操作，掌握调味品的加入量	Yes □ /No □	Yes □ /No □
	调制面团	调制面团时，符合规范操作，面团软硬适当	Yes □ /No □	Yes □ /No □
	搓条、下剂	手法正确，按照要求把握剂子的分量，每个剂子大小相同	Yes □ /No □	Yes □ /No □
	压剂、擀皮	压剂、擀皮方法正确，皮子大小均匀，中间厚四边薄	Yes □ /No □	Yes □ /No □
	包馅、成形	馅心摆放居中，包捏手法正确，外形美观	Yes □ /No □	Yes □ /No □
	作品成熟	成熟方法正确，皮子不破损，馅心符合口味标准	Yes □ /No □	Yes □ /No □

评价者：____________

日　期：____________

[练一练]

1. 冷水面团还可以制作哪些面点品种？
2. 木鱼水饺的馅心是否还可以用其他原料制作？
3. 木鱼水饺的皮坯能掺入其他原料一起调成面团制皮吗？
4. 水饺还有哪些形态？
5. 每人回家制作 20 只木鱼形态的水饺给家长吃。
6. 创意制作一款不同于木鱼形态的水饺。

知识小贴士

1. 和面时水要分次加入面粉中，不能一次加足水。

2. 擀皮时擀面杖要压在皮子的中间，两手掌放平。擀面杖不要压伤手，皮子要中间稍厚，四边稍薄。

3. 煮水饺时小心点火以免烧伤手。根据成品的数量决定水量的多少，沿着锅的边缘慢慢放入水饺，小心烫伤手指。

任务2　素菜包制作

[任务描述]

素菜包是用膨松面团制作的点心，皮坯松软，馅心碧绿，口感香鲜。素菜包也是寺庙里提供的点心之一，营养丰富，深受大家喜欢。

[任务完成过程]

[看一看]

图 2.22　备料

图 2.23　制馅

图 2.24　掺水

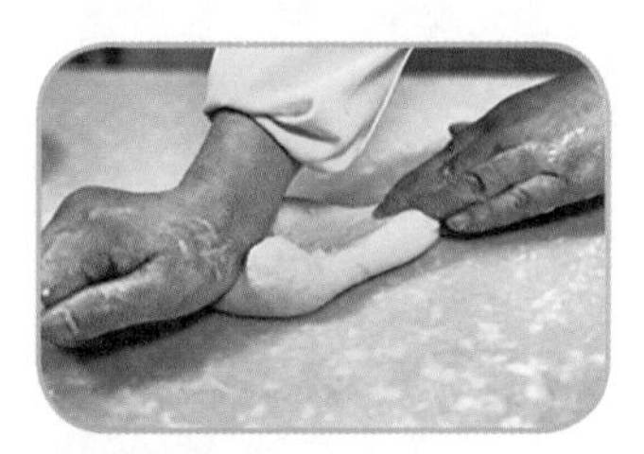

图 2.25　揉面

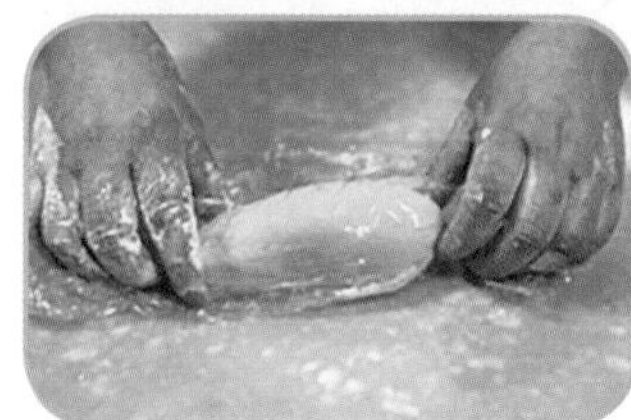

图 2.26　饧面

图 2.27　搓条

图 2.28　下剂

图 2.29　按剂

图 2.30　擀皮

图 2.31　包捏

图 2.32　成熟

[学一学]

1）素菜包的操作步骤

（1）拌制馅心

①将干香菇、黑木耳用冷水浸泡 1 小时，取出洗干净，用刀切成幼粒，冬笋焯水切成幼粒。

②炒锅里加入精制油烧热投入少许葱、姜末煸香，再加入香菇、冬笋，煸炒，加入盐、糖等调味料，最后加入黑木耳、味精、麻油，即成素什锦馅。

③青菜洗干净，用沸水烫八成熟后浸入冷水冷却，挤干水切成幼粒，再挤去水，放入盛器里加入盐、糖、味精等调味料拌匀，最后加入油拌和。

④将素什锦馅和素菜馅拌和在一起，即成素菜馅。

（2）调制面团

①面粉围成窝状，酵母、糖放入中间，泡打粉撒在粉的上面，中间加入温水，用右手调拌面粉。

②将面粉调成雪花状，洒少许温水，揉成较软面团。

③左手压着面团的另一头，右手用力揉面团，把面团揉光洁。

④用湿布或保鲜膜盖好面团，饧 5 ~ 10 分钟。

（3）搓条、下剂

①两手把面团从中间往两头搓拉成长条形。

②左手握住剂条，右手捏住剂条的上面，用力摘下剂子。

③将面团摘成大小一致的剂子，剂子分量为 35 克。

（4）压剂、擀皮

①把右手放在剂子上方。剂子竖直往上，右手掌朝下压。

②右手掌朝下，用力压扁剂子。

③左手拿着剂子的左边，右手用擀面杖擀皮子的边缘。

④右手边擀，左手边转动皮子，擀成薄圆形皮子。

（5）包馅、成形

①用左手托起皮子，右手用馅挑把馅心放在皮子中间，馅心分量为 20 克。

②左手提着皮子的左边缘，右手慢慢拢上皮子包住馅心，再用右手的食指及大拇指在后面打出褶皱。

（6）作品成熟

①把包完的素菜包放在蒸笼里加盖，放在暖热的地方饧发 40 分钟。

②待包子饧发至体积增大，放在蒸汽锅中蒸 8 分钟。

2）素菜包的制作要领

①烫菜水要沸，烫后要冷却。

②投料要恰当，水温要适中。

③面团揉光洁，剂子大小匀。

④皮子擀圆形，馅心要居中。

⑤包捏要正确，注意花纹美。

⑥把握饧发度，蒸制要盖好。

3）素菜包的质量标准

①色泽洁白。
②形态饱满，大小均匀。
③皮薄馅大，吃口鲜嫩。

[想一想]

你知道吗？制作素菜包需要用到：
设备：面案操作台、炉灶、锅、蒸笼等。
用具：电子秤、擀面杖、面刮板、馅挑、小碗等。
原料：面粉、青菜、干香菇、黑木耳、冬笋、葱、姜等。
调味料：盐、糖、味精、胡椒粉、精制油、麻油等。

[布置任务]

提问 1

素菜包是用什么面团制作的？

提问 2

素菜包是用的何种成熟方法？

提问 3

怎样加工素菜包的馅心？

[小组讨论]

小组合作完成素菜包制作的任务，进行小组技能实操训练，共同完成教师布置的任务，在制作中尽可能符合岗位需求的质量要求。

1. 任务分配

①把学生分为 4 组，每组发 1 套馅心及制作的用具，学生将青菜、干香菇、黑木耳、冬笋加入调味料拌制成馅心。馅心口味应该是咸中带甜，吃口鲜香。

②每组发 1 套皮坯原料和制作工具，学生自己调制面团，经过搓条、下剂、压剂、擀皮、包馅、成形等几个步骤，包捏素菜包，大小一致，形态美观。

③提供炉灶、锅、蒸笼、笼屉给学生，学生自己点燃煤气，调节火候。蒸熟包子，品尝成品。素菜包口味及形状符合要求，口感鲜香、皮坯松软。

2. 操作条件

工作场地需要 1 间 30 平方米的实训室，设备需要炉灶 4 个，瓷盘 8 只，擀面杖、辅助工具各 8 套，工作服 15 套，原材料等。

3. 操作标准

素菜包要求皮子松软，醒发适中，花纹均匀，包捏美观，口感香鲜。

4. 安全须知

包子要蒸熟才能食用，成熟时小心火候及蒸汽烫伤手。

[技能测评]

被评价者：____________

训练项目	训练重点	评价标准	小组评价	教师评价
素菜包制作	拌制馅心	拌制时按步骤操作，掌握调味品的加入量	Yes □ /No □	Yes □ /No □
	调制面团	调制面团时，符合规范操作，面团软硬适当	Yes □ /No □	Yes □ /No □
	搓条、下剂	手法正确，按照要求把握剂子的分量，每个剂子大小相同	Yes □ /No □	Yes □ /No □
	压剂、擀皮	压剂、擀皮方法正确，皮子大小均匀，中间厚四边薄	Yes □ /No □	Yes □ /No □
	包馅、成形	馅心摆放居中，包捏手法正确，花纹均匀	Yes □ /No □	Yes □ /No □
	作品成熟	成熟方法正确，皮子松软，馅心符合口味标准	Yes □ /No □	Yes □ /No □

评价者：____________

日　期：____________

[练一练]

1. 包子除了用素菜馅以外，还可以用其他原料来制作馅心吗？
2. 用冷水可以调制膨松面团吗？
3. 用低筋面粉能否制作素菜包的皮子？
4. 每人回家练习擀制 20 张包子皮。
5. 制作 20 只素菜包。
6. 创意制作一款不同于素菜包口味的包子。

知识小贴士

1. 青菜馅心制作时青菜烫完要尽快用冷水冷却，以免菜黄，水要挤干。

2. 和制膨松面团时冬季用偏热的温水，春秋两季用偏冷的温水，夏季用冷水调制面团。调制时水要分次加入。

3. 注意包子一定要饧发足，才可以成熟。

任务3　鲜肉月饼制作

[任务描述]

鲜肉月饼属于苏式月饼的一种咸口味月饼。苏式月饼起源于苏州，在苏州一直保持着传统的加工工艺，目前已形成了30多个品种。鲜肉月饼松脆、香酥、层酥相叠，重油而不腻，香鲜适口。

[任务完成过程]

[看一看]

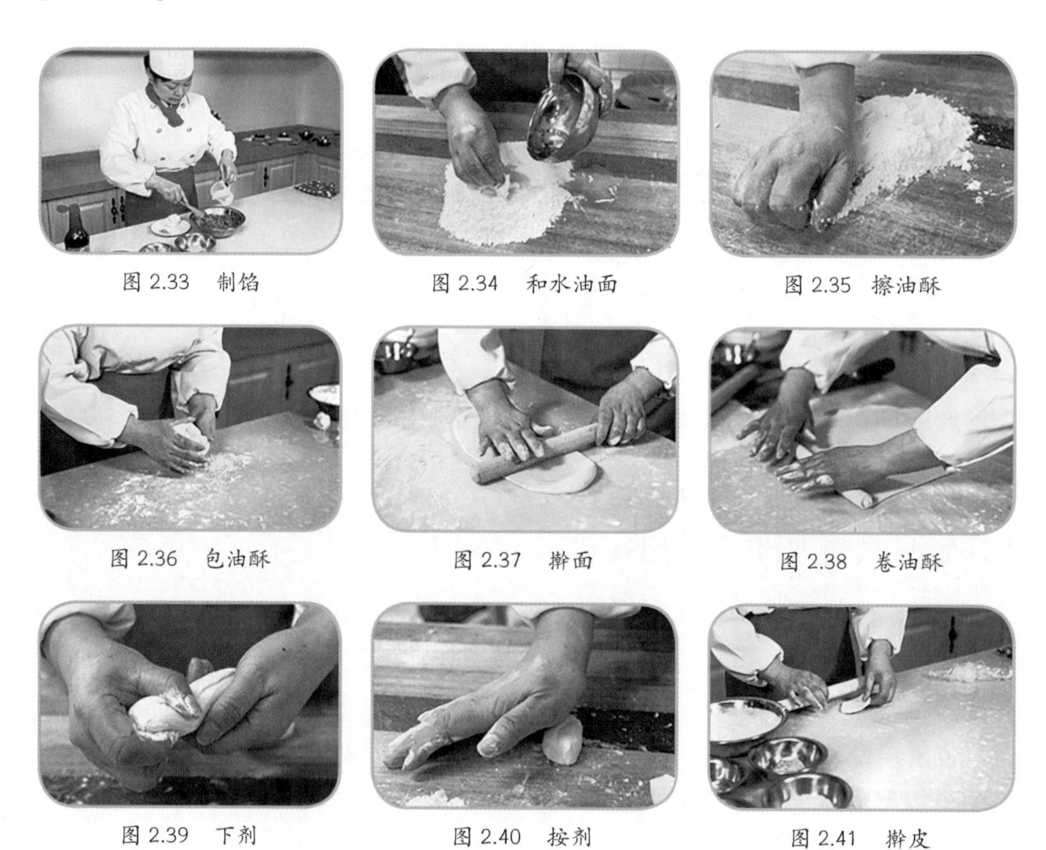

图2.33　制馅　图2.34　和水油面　图2.35　擦油酥

图2.36　包油酥　图2.37　擀面　图2.38　卷油酥

图2.39　下剂　图2.40　按剂　图2.41　擀皮

图 2.42　包捏

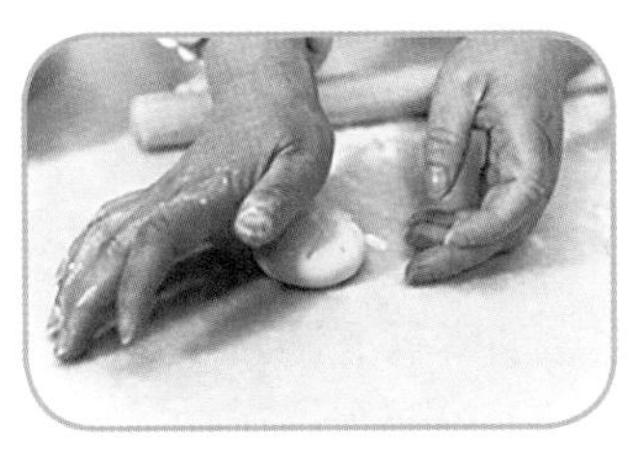
图 2.43　成形

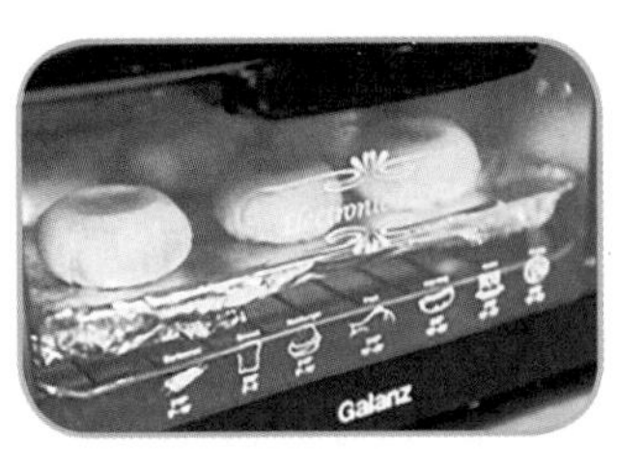

图 2.44　烘烤成熟

[学一学]

1）鲜肉月饼的操作步骤

（1）拌制馅心

①将夹心肉糜放入盛器内，先加入盐、酱油、料酒、胡椒粉。

②逐渐掺入葱姜汁水搅拌，再加入糖和味精搅拌，最后加入麻油。

（2）调制面团

①面粉 100 克围成窝状，猪油 15 克放入粉中间，温水约 50 克再掺入面粉中间，用右手调拌面粉。

②把面粉调成雪花状，洒少许水，揉成较软的水油面团。饧面 5 ~ 10 分钟。

③面粉 60 克围成窝状，猪油 30 克放入粉中间，用右手调拌面粉，搓擦成干油酥面团。

（3）擀制层酥

①水油面压成圆扁形的皮坯，中间包入干油酥面团。

②把包入干油酥的面坯，再用右手轻轻地压扁，用擀面杖从中间往左右两边擀，擀成长方形的薄面皮。

③将薄面皮由两头往中间一折三，再用擀面杖把面坯擀开成长方形面皮，然后将面皮由外往里卷成长条形的圆筒剂条。

（4）搓条、下剂

①左手握住剂条，右手捏住剂条的上面。

②右手用力摘下剂子。

③将面团摘成大小一致的剂子，剂子分量为 25 克。

（5）压剂、擀皮

①右手放在剂子上方，手掌朝下，压住剂子。

②右手掌朝下，用力压扁剂子。

③左手拿住剂子，右手拿擀面杖，转动擀面杖擀剂子成薄形皮子。

（6）包馅、成形

①右手托起皮子，左手把馅心放在皮子中间。

②左右手配合，将皮子收起。

③将皮子包住馅心。

④包成圆形，再用右手压成扁圆形的饼。

（7）成熟

①将包完的鲜肉月饼收口朝上放在烤盘里，并放入上温为210 ℃、下温为220 ℃烤箱

中，烤15分钟使饼面呈金黄色。

②再把饼翻身继续烤 15 ~ 20 分钟呈金黄色。

2）鲜肉月饼的制作要领

①油面与油酥比例恰当，油面、油酥揉光洁。
②擀制层酥用力要均匀，擀制时干粉要少撒。
③皮子擀制掌握厚薄度，馅心多摆放要居中。
④成熟烤箱温度要把握，注意先烤饼面呈色。

3）鲜肉月饼的质量标准

①色泽金黄。
②圆饼形，大小均匀。
③皮酥馅大，吃口鲜香。

[想一想]

你知道吗？制作鲜肉月饼需要用到：
设备：面案操作台、烤箱、烤盘、铲子等。
用具：电子秤、擀面杖、面刮板、馅挑、刷子、小碗等。
原料：面粉、夹心肉糜、麦芽糖、葱、姜等。
调味料：盐、酱油、料酒、胡椒粉、糖、味精、麻油等。

[布置任务]

提问 1

鲜肉月饼是用什么面团制作的？

提问 2

油酥面团应采用怎样的调制工艺流程？

提问 3

鲜肉月饼是用的何种成熟方法？

[小组讨论]

小组合作完成鲜肉月饼制作的任务，进行小组技能实操训练，共同完成教师布置的任务，在制作中尽可能符合岗位需求的质量要求。

1. 任务分配

①把学生分为 4 组，每组发 1 套馅心及制作的用具，学生把肉糜加入调味料拌成馅心。馅心口味应该是咸味适中，有香味。

②每组发 1 套皮坯原料和制作工具，学生自己调制面团，擀制层酥。经过搓条、下剂、

压剂、擀皮、包馅、成形等几个步骤，包捏成圆形的饼状，大小一致。

③提供烤箱、烤盘、铲子、石棉手套等设备及用具给学生，学生自己点燃烤箱，调节火候。烤熟月饼，品尝成品。月饼口味及形状符合要求，口感香鲜酥松。

2. 操作条件

工作场地需要 1 间 30 平方米的实训室，设备需要烤箱 4 个，烤盘 4 个，擀面杖、辅助工具各 8 套，工作服 15 套，原材料等。

3. 操作标准

月饼要求皮坯酥松，口感香鲜，外形圆整。

4. 安全须知

鲜肉月饼要烤熟才能食用，成熟时小心烤盘及烤箱的温度烫伤手。

[技能测评]

被评价者：____________

训练项目	训练重点	评价标准	小组评价	教师评价
鲜肉月饼制作	拌制馅心	拌制时按步骤操作，掌握调味品的加入量	Yes □ /No □	Yes □ /No □
	调制面团	调制面团时，符合规范操作，面团软硬适当	Yes □ /No □	Yes □ /No □
	擀制层酥	压面坯时注意用力的轻重，擀面坯时用力要均匀	Yes □ /No □	Yes □ /No □
	搓条、下剂	手法正确，按照要求把握剂子的分量，每个剂子大小相同	Yes □ /No □	Yes □ /No □
	压剂、擀皮	压剂、擀皮方法正确，皮子大小均匀，中间厚四边薄	Yes □ /No □	Yes □ /No □
	包馅、成形	馅心摆放居中，包捏手法正确，外形美观	Yes □ /No □	Yes □ /No □
	作品成熟	成熟方法正确，皮子不破损，馅心符合口味标准	Yes □ /No □	Yes □ /No □

评价者：____________

日　期：____________

[练一练]

1. 油酥面团还可以制作哪些面点品种？
2. 鲜肉月饼馅心，是否还可以添加其他调味品调制？
3. 大家想一想苏式月饼还有哪些？
4. 每人回家制作 10 只鲜肉月饼。
5. 创意制作一款不同于鲜肉月饼的其他馅心的苏式月饼。

知识小贴士

1. 油酥类点心要选择相对干硬的馅心，否则在烘烤时由于水过多，会影响成品的层次。

2. 水油面压成中间稍微厚四周薄的皮坯，包入干油酥面后收口要封住，压面坯时注意用力的轻重。擀面坯时用力要均匀。擀面坯时撒手粉要少用，卷筒要卷紧。

任务 4 蟹粉肉汤团制作

[任务描述]

正月十五吃元宵，元宵作为节日的特色食品，在我国也由来已久，最初称为“汤圆”，后因多在元宵佳节食用，所以也称“元宵”，生意人还美其名曰“元宝”。常见的元宵用糯米粉包成圆形，馅料丰富多样，如白糖、玫瑰、芝麻、豆沙、果仁、枣泥等，可荤可素，风味各异，可汤煮、油炸、蒸食，象征红红火火，团团圆圆。本任务学习蟹粉肉汤团的制作。

[任务完成过程]

[看一看]

图 2.45 拌制肉馅

图 2.46 拌入蟹粉

图 2.47 和团

图 2.48 搓条

图 2.49 切剂

图 2.50 捏皮

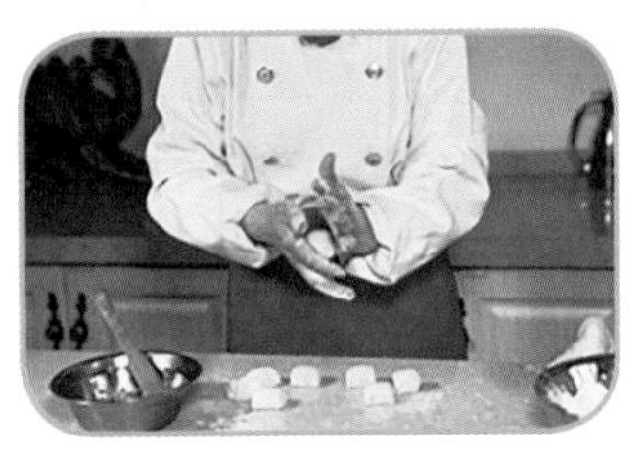

图 2.51　包馅

图 2.52　搓圆

[学一学]

1）蟹粉肉汤团的操作步骤

（1）拌制馅心

①将夹心肉糜放入盛器内，先加入盐、酱油、料酒、胡椒粉。

②掺入葱姜汁水搅拌，再加入糖和味精搅拌，最后加入麻油。

③将炒制后的蟹粉，待冷却后与拌过味的鲜肉馅掺和在一起，做成蟹粉肉馅。

（2）调制面团

①糯米粉 100 克围成窝状，加入温水约 50 克再掺入粉中间，用右手调拌米粉。

②把米粉调成雪花状，洒少许水，揉成米粉面团。

（3）搓条、下剂

①左右手配合把面团搓成长条状。

②右手用面刮板切下剂子，剂子分量为 20 克。

（4）制皮、包馅

①将剂子先搓成圆形，然后再捏成窝形。

②包入蟹粉鲜肉馅 12 克。

③左右手配合，将皮子收起，搓成圆形。

（5）成形、成熟

①锅中的水烧沸后，才可以放入生蟹粉肉汤团。汤团放入后，用手勺轻轻地沿着锅底推。

②煮汤团时用中火，待煮沸时，加入少许冷水，继续煮到汤团再浮起。

2）蟹粉肉汤团的制作要领

①水温要适中，面团揉光洁。

②皮子捏窝形，馅心要居中。

③包捏成圆形，注意收口薄。

④成熟用中火，捞取动作轻。

3）蟹粉肉汤团的质量标准

①色泽白色。

②圆形，大小均匀。

③皮坯黏糯，口感鲜香有卤汁。

[想一想]

你知道吗？制作蟹粉肉汤团需要用到：
设备：面案操作台、炉灶、锅、手勺、漏勺等。
用具：电子秤、面刮板、馅挑、小碗等。
原料：糯米粉、夹心肉糜、蟹粉、葱、姜等。
调味料：盐、酱油、料酒、糖、味精、胡椒粉、麻油等。

[布置任务]

提问 1

蟹粉肉汤团是用什么面团制作的？

提问 2

米粉面团应采用怎样的调制工艺流程？

提问 3

蟹粉肉汤团是用的何种成熟方法？

[小组讨论]

小组合作完成蟹粉肉汤团制作的任务，进行小组技能实操训练，共同完成教师布置的任务，在制作中尽可能符合岗位需求的质量要求。

1. 任务分配

①把学生分为 4 组，每组发 1 套馅心及制作的用具。

②每组发 1 套馅心、皮坯原料和制作工具，学生自己调制面团，经过搓条、下剂、制皮、包馅、成形等几个步骤，包捏成蟹粉肉汤团，大小一致。

③提供炉灶、锅、手勺、漏勺给学生，学生自己点燃煤气，调节火候。煮熟汤团，品尝成品。蟹粉肉汤团口味及形状符合要求，口感香甜、软糯。

2. 操作条件

工作场地需要 1 间 30 平方米的实训室，设备需要炉灶 4 个，瓷碗 8 只，锅、辅助工具各 8 套，工作服 15 套，原材料等。

3. 操作标准

蟹粉肉汤团要求皮坯软糯，吃口鲜香，色泽洁白。

4. 安全须知

蟹粉肉汤团要煮熟才能食用，成熟时小心火候及沸水烫伤手。

[技能测评]

被评价者：____________________

训练项目	训练重点	评价标准	小组评价	教师评价
蟹粉肉汤团制作	拌制馅心	拌制时按步骤操作，掌握调味品的加入量。炒制蟹粉按加工要求操作	Yes □ /No □	Yes □ /No □
	调制面团	调制面团时，符合规范操作，面团软硬适当	Yes □ /No □	Yes □ /No □
	搓条、下剂	手法正确，按照要求把握剂子的分量，每个剂子要求大小相同	Yes □ /No □	Yes □ /No □
	制皮、包馅	制皮方法正确，皮子大小均匀，中间厚四边薄，馅心摆放居中	Yes □ /No □	Yes □ /No □
	成形、成熟	包捏手法正确，外形美观。成熟方法正确，皮子不破损，面团符合口味标准	Yes □ /No □	Yes □ /No □

评价者：____________________

日　期：____________________

[练一练]

1. 汤团除了圆形还可以制作什么形状？
2. 白色糯米粉中还可以添加哪些天然原料改变其色泽？
3. 大家想一想怎样使汤团煮时不破损？
4. 元宵节每人回家制作 10 只蟹粉肉汤团给家人吃。
5. 创意制作一款不同于蟹粉肉馅的汤团。

知识小贴士

1. 蟹粉的制作方法是将蟹蒸熟后拆蟹粉，炒制蟹粉时，先用猪油，加入葱、姜煸香，再加入蟹粉炒香，收干水分。

2. 在煮汤团时火候不宜过大，以防皮子破损，馅心不熟；汤团外形饱满即熟。

任务 5　象形南瓜团制作

[任务描述]

象形南瓜团，是一款经常用在宴会上的点心，形象逼真，皮坯软糯，口味香甜，营养丰富，属于其他类面团的点心，皮坯是用南瓜、糯米粉制作，馅心是莲蓉。象形南瓜团制作体现了较深的包捏基本功，本任务学习象形南瓜团的制作方法。

[任务完成过程]

[看一看]

图 2.53　和面

图 2.54　加入黄油

图 2.55　搓条

图 2.56　切剂

图 2.57　捏皮

图 2.58　包馅

图 2.59　按压

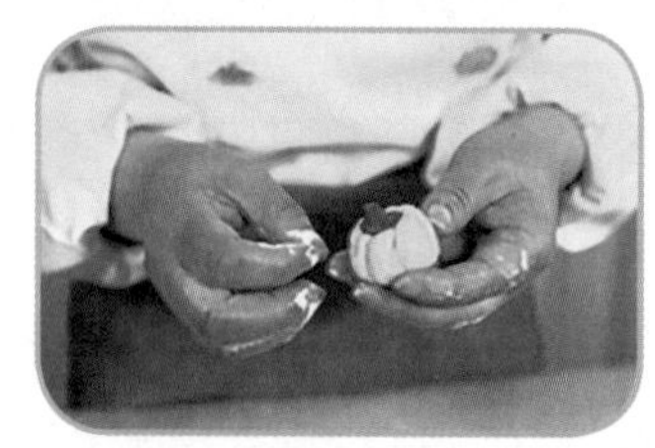
图 2.60　装柄

图 2.61　成熟

[学一学]

1）象形南瓜团的操作步骤

（1）调制面团

①将糯米粉、澄粉、南瓜泥、糖粉等原料一起调匀成团。

②在面团中再掺入黄油，揉擦成光洁面团。

（2）搓条、下剂

①左右手配合把面团搓成长条状。

②右手用面刮板切下剂子。

（3）制皮、包馅

①将剂子先搓成圆形，然后再捏成窝形。

②包入莲蓉馅 12 克。

③左右手配合，将皮子收起，搓成圆形。

（4）作品成熟

①在圆形生坯表面用刮板压出 6 条印子。
②在生坯顶部用咖啡色面团做成荸荠梗状。
③将包好的南瓜团放入蒸笼内，放在蒸锅上用中汽蒸 5 分钟。

2）象形南瓜团的制作要领

①投料要恰当，面团揉光洁。
②皮子捏窝形，馅心要居中。
③包捏要正确，形态要逼真。
④成熟蒸汽小，时间要把握。
⑤装饰需美观，熟后要抹油。

3）象形南瓜团的质量标准

①色泽黄色。
②南瓜形状，大小一致。
③皮坯软糯，吃口香甜。

[想一想]

你知道吗？制作象形南瓜团需要用到：
设备：面案操作台、炉灶、锅、蒸笼、笼屉等。
用具：电子秤、擀面杖、面刮板、馅挑、小碗等。
原料：糯米粉、澄粉、南瓜泥、莲蓉等。
调味料：糖粉、黄油等。

[布置任务]

提问 1

象形南瓜团是用什么面团制作的？

提问 2

其他面团采用怎样的调制工艺流程？

提问 3

象形南瓜团是用的何种成熟方法？

[小组讨论]

小组合作完成象形南瓜团制作任务，进行小组技能实操训练，共同完成教师布置的任务，在制作中尽可能符合岗位需求的质量要求。

1. 任务分配

①把学生分为4组，每组发1套馅心及制作的用具。

②每组发1套皮坯原料和制作工具，学生自己调制面团，经过搓条、下剂、制皮、包馅、成形等几个步骤，包捏成南瓜形状的团子，大小一致。

③提供炉灶、锅、手勺、漏勺给学生，学生自己点燃煤气，调节火候。蒸熟象形南瓜团，品尝成品。南瓜团口味及形状符合要求，口感软糯。

2. 操作条件

工作场地需要1间30平方米的实训室，设备需要炉灶4个，瓷盘8只，辅助工具各8套，工作服15套，原材料等。

3. 操作标准

象形南瓜团要求皮坯软糯，吃口香甜，外形像南瓜。

4. 安全须知

象形南瓜团要蒸熟才能食用，成熟时小心火候及锅中的水烫伤手。

[技能测评]

被评价者：____________

训练项目	训练重点	评价标准	小组评价	教师评价
象形南瓜团制作	调制面团	调制面团时，符合规范操作，面团软硬适当	Yes □ /No □	Yes □ /No □
	搓条、下剂	手法正确，按照要求把握剂子的分量，每个剂子要求大小相同	Yes □ /No □	Yes □ /No □
	制皮、包馅	捏皮方法正确，皮子大小均匀，呈窝形，馅心摆放居中	Yes □ /No □	Yes □ /No □
	成形、成熟	包捏手法正确，形如南瓜，成熟方法正确，皮子不破损，馅心符合口味标准	Yes □ /No □	Yes □ /No □

评价者：____________

日　期：____________

[练一练]

1. 其他面团还可以制作哪些面点品种？
2. 象形南瓜团的馅心是否还可以用其他原料制作？
3. 米粉面团的皮坯能否掺入除南瓜泥以外的其他原料？
4. 南瓜团还可以做成哪些形态？
5. 每人回家制作10只象形南瓜团。
6. 创意制作一款不同于南瓜形态的点心。

知识小贴士

1. 和制面团时要用热的南瓜泥，动作要快，面团要揉光洁。
2. 蒸制此类面团时要注意火不能太旺，否则制品容易坍塌。

模块描述

✧ 制馅工艺是学习中式面点制作很重要的一个模块内容，通过详细介绍馅心的概念及馅心的分类，以及对馅心制作工艺的学习，使学生能够正确掌握馅心制作的基本技法，为学习中式面点制作做好充分准备。

模块目标

✧ 能了解馅心的概念及其作用。
✧ 能掌握馅心制作的工艺。
✧ 能掌握馅心制作的基本要求。
✧ 能掌握咸味馅、甜味馅、荤馅、素馅心的制作方法。

模块内容

✧ 项目 1　咸味馅制作工艺
✧ 项目 2　甜味馅制作工艺
✧ 项目 3　复合味馅制作工艺

项目1　咸味馅制作工艺

[学习目标]

【知识目标】

1. 识记咸味馅的原料加工要求。
2. 识记咸味馅的口味特点。
3. 识记咸味馅的制作要求。

【能力目标】

1. 能对咸味馅原料进行加工处理。
2. 能对不同咸味馅进行调制。
3. 能对不同咸味馅心进行烹制。

任务1　鲜肉小笼制作

[任务描述]

鲜肉小笼是中式点心的典型代表作，中外闻名，尤其是江浙沪一带制作的小笼，口味纯正、皮薄汁多、馅大鲜嫩，颇受大家喜食。鲜肉小笼制作工艺比较复杂，体现了较深的包捏基本功，本任务学习鲜肉小笼制作。

[任务完成过程]

[看一看]

图3.1　添加调味料

图3.2　加入葱姜汁

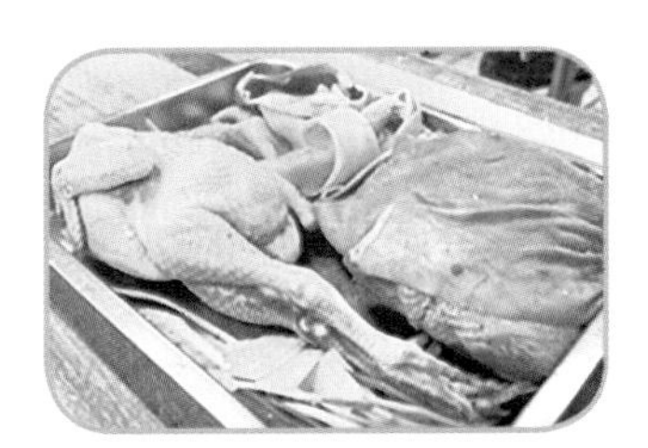

图3.3　洗净原料

图 3.4　加水蒸制

图 3.5　煮制调味

图 3.6　拌制馅心

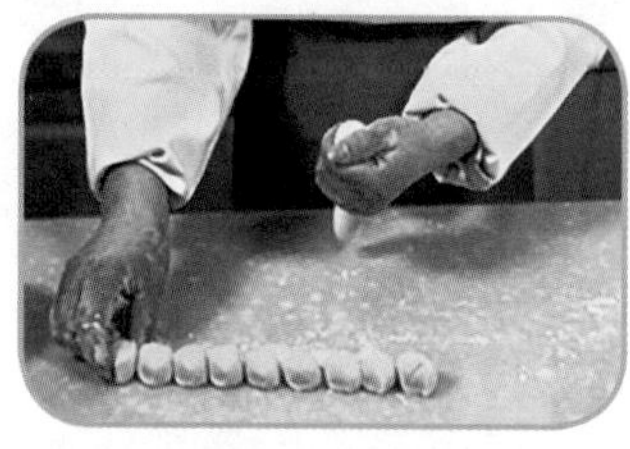

图 3.7　下剂

图 3.8　制皮

图 3.9　上馅

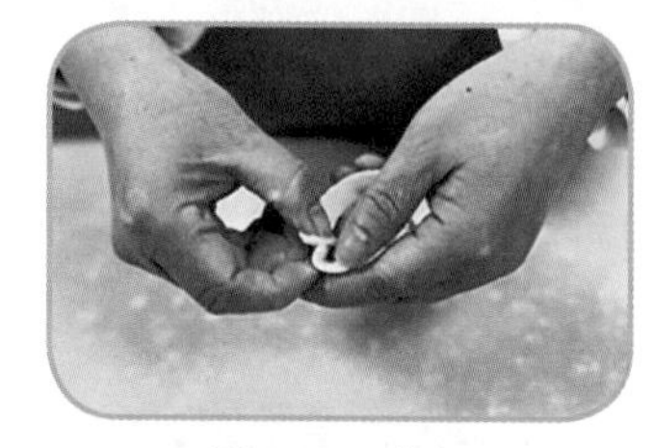

图 3.10　包捏

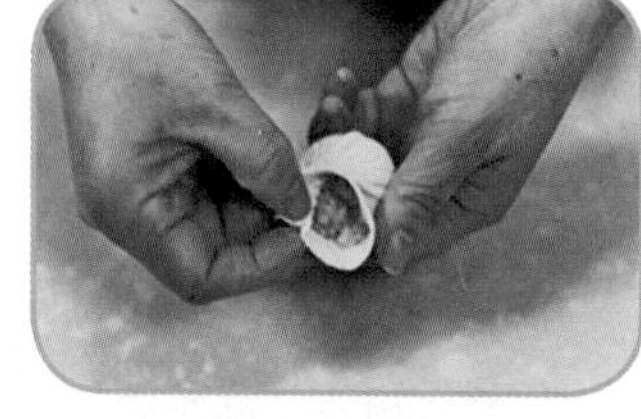

图 3.11　收口

图 3.12　成熟

[学一学]

1）鲜肉小笼的操作步骤

（1）拌制馅心

①将夹心肉糜放入盛器内，加入盐、酱油、料酒、胡椒粉。

②逐渐掺入葱姜汁水搅拌，再加入糖和味精搅拌，最后加入麻油。

（2）制作皮冻

①将生肉皮、鸡、猪蹄放入锅内，加入水煮沸，取出用刀刮去表面的污物，再用温水洗干净。

②把干净的肉皮放在汤盆中，加入整葱、姜、料酒等调味品，再加入 2/3 的清水上笼蒸。

③肉皮蒸烂后，取出用刀切成碎粒，去除鸡、猪蹄。切成碎粒的肉皮再放入原皮汤中，加入少许盐、胡椒粉、味精，用小火煮 5 分钟。

④把皮冻取出切成小粒，与拌制味的肉糜拌和在一起，即成小笼包馅心。

（3）调制面团

①面粉围成窝状，将冷水倒入面粉中间，用右手调拌面粉。

②把面粉先调成雪花状，再洒少许水调制，揉成较硬面团。

③左手压着面团的另一头，右手用力揉面团，把面团揉光洁。

④用湿布或保鲜膜盖好面团，饧 5 ~ 10 分钟。

（4）搓条、下剂

①两手把面团从中间往两头搓拉成长条形。

②右手用力摘下剂子，每个剂子分量为 10 克。

③将面团摘成大小一致的剂子。

（5）压剂、擀皮

①用右手放在剂子上方。

②剂子竖直往上，右手掌朝下压。

③把擀面杖放在压扁的剂子中间，双手放在擀面杖的两边，上下转动擀面杖擀剂子成薄形皮子。

（6）包馅、成形

①用左手托起皮子，右手拿馅挑把馅心放在皮子中间，馅心分量为 18 克。

②左右手配合，将包住馅心皮子捏成窝形。

③左手托着皮子的边缘，右手的大拇指和食指捏着皮子的另一面打皱褶，自然捏出花纹成圆形的小笼。

（7）作品成熟

把包完的小笼放在笼屉里，锅中的水烧沸后，才可以放入笼屉蒸，旺火气足蒸制 5 分钟。

2）鲜肉小笼的制作要领

①皮冻熬前先焯水，去除血污和油腻。

②清水洗净加葱姜，肉皮煮熟需熬烂。

③皮冻和肉馅为 1 ：1，小笼皮子要擀薄。

④馅心摆放要居中，包捏手法要正确。

3）鲜肉小笼的质量标准

①色泽洁白。

②形态大小一致，花纹美观。

③皮薄馅大，吃口肥嫩。

[想一想]

你知道吗？制作鲜肉小笼需要用到：

设备：面案操作台、炉灶、锅、蒸笼、笼屉等。

用具：电子秤、擀面杖、面刮板、馅挑、小碗等。

原料：面粉、夹心肉糜、猪肉皮、鸡、猪蹄、葱、姜等。

调味料：盐、酱油、料酒、胡椒粉、糖、味精、麻油等。

[布置任务]

提问 1

鲜肉小笼是用什么面团制作的？

提问 2

冷水面团应采用怎样的调制工艺流程？

提问 3

鲜肉小笼是用的何种成熟方法？

[小组讨论]

小组合作完成鲜肉小笼制作任务，进行小组技能实操训练，共同完成教师布置的任务，在制作中尽可能符合岗位需求质量要求。

1. 任务分配

①把学生分为 4 组，每组发 1 套馅心及制作的用具，学生把肉糜加入调味料拌成馅心。馅心口味应该是咸甜适中，有汤汁。

②每组学生发1份生肉皮，鸡、猪蹄、葱、姜等制作肉皮冻的原料。按组熬制1份皮冻。皮冻要求凝固体，透明状无腥味，无油腻，香味浓。

③每组发 1 套皮坯原料和制作工具，学生自己调制面团，经过搓条、下剂、压剂、擀皮、包馅、成形等几个步骤，包捏成鲜肉小笼，大小一致。

④提供炉灶、锅、蒸笼、笼屉给学生，学生自己点燃煤气，调节火候。蒸熟鲜肉小笼，品尝成品。鲜肉小笼口味及形状符合要求，口感鲜嫩。

2. 操作条件

工作场地需要 1 间 30 平方米的实训室，设备需要炉灶 4 个，瓷盘 8 只，擀面杖、辅助工具各 8 套，工作服 15 套，原材料等。

3. 操作标准

鲜肉小笼要求皮薄汁多，吃口肥嫩，大小一致，花纹美观。

4. 安全须知

鲜肉小笼要蒸熟才能食用，成熟时小心火候及蒸汽烫伤手。

[技能测评]

被评价者：____________

训练项目	训练重点	评价标准	小组评价	教师评价
鲜肉小笼制作	拌制馅心	拌制时按步骤操作，掌握调味品的加入量	Yes □ /No □	Yes □ /No □
	制作皮冻	凝固体，透明状无腥味，无油腻，香味浓	Yes □ /No □	Yes □ /No □
	调制面团	调制面团时，符合规范操作，面团软硬适当	Yes □ /No □	Yes □ /No □

续表

训练项目	训练重点	评价标准	小组评价	教师评价
鲜肉小笼制作	搓条、下剂	手法正确，按照要求把握剂子的分量，每个剂子大小相同	Yes □ /No □	Yes □ /No □
	压剂、擀皮	压剂、擀皮方法正确，皮子大小均匀，中间厚四边薄	Yes □ /No □	Yes □ /No □
	包馅、成形	馅心摆放居中，包捏手法正确，外形美观	Yes □ /No □	Yes □ /No □
	作品成熟	成熟方法正确，皮子不破损，馅心符合口味标准	Yes □ /No □	Yes □ /No □

评价者：________________

日　期：________________

[练一练]

1. 熬制皮冻除了用蒸成熟法，是否还可以用其他成熟法？
2. 鲜肉小笼的馅心是否还可以用其他原料制作？
3. 鲜肉小笼的皮坯能否用高筋面粉制皮？
4. 提褶包捏法还适用哪些中式点心？
5. 每人回家练习擀制 30 张小笼包皮子。
6. 制作 20 只鲜肉小笼包。
7. 上网查阅南翔小笼的典故。

知识小贴士

皮冻煮制时火候不能过大，以防皮汤浑浊不清，小心汤烫着手，比例为 1 ∶ 4，皮冻制作完成后要放置在干净无生水的容器内冷藏后使用。

任务 2　三丁包制作

[任务描述]

三丁包是淮扬点心的著名代表包子。三丁指用鸡丁、肉丁、冬笋丁 3 种原料加工烹制成馅心。三丁包口味香鲜、咸中带甜有卤汁，皮坯用膨松面团制作，此点心营养价值丰富，深受大家喜食，本任务学做三丁包。

[任务完成过程]

[看一看]

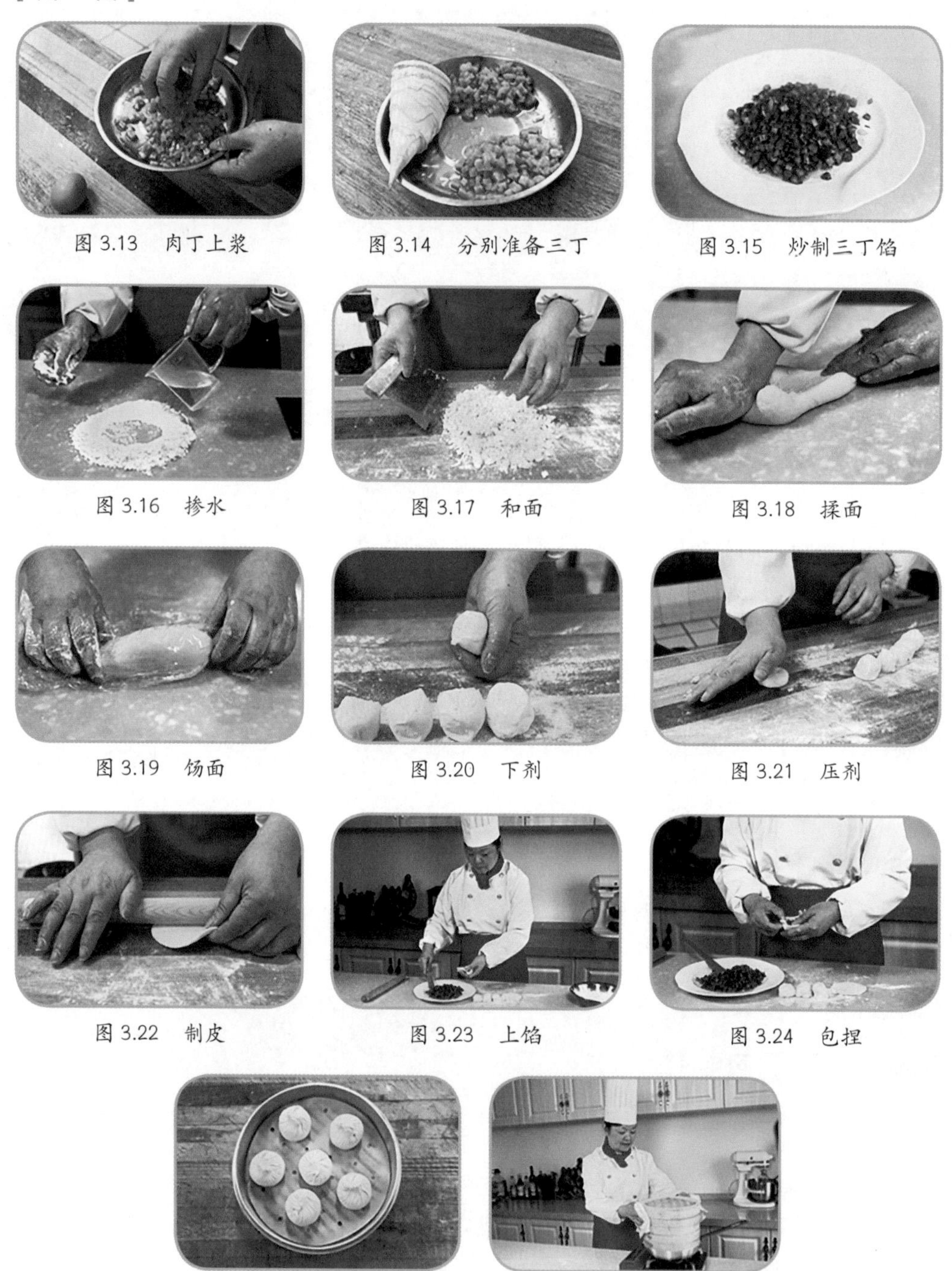
图 3.13　肉丁上浆
图 3.14　分别准备三丁
图 3.15　炒制三丁馅
图 3.16　掺水
图 3.17　和面
图 3.18　揉面
图 3.19　饧面
图 3.20　下剂
图 3.21　压剂
图 3.22　制皮
图 3.23　上馅
图 3.24　包捏
图 3.25　成形
图 3.26　成熟

[学一学]

1）三丁包的操作步骤

（1）拌制馅心

①鸡肉丁 100 克、猪肉丁 100 克、冬笋丁 200 克。将冬笋去壳，放入锅内加水煮熟，取

出用刀切成小丁待用；将鸡肉、猪肉切成丁分别用盐、味精、料酒、胡椒粉、蛋清、生粉等调味料上浆。

②用干净的炒锅，加入适量油烧至四成热后，倒入猪肉丁划炒，再倒入鸡肉丁划炒片刻一起捞出。

③炒锅内留少量的油，把冬笋丁倒入煸炒，再倒入划炒过的猪肉丁、鸡肉丁，加入料酒、酱油、盐、糖、胡椒粉、水等一起烧沸，再加入味精和湿淀粉勾芡，淋入麻油撒上葱花即可。

（2）调制面团

①面粉围成窝状，酵母、糖放入中间，泡打粉撒在粉的上面，中间加入温水，用右手调拌面粉。

②把面粉调成雪花状，洒少许温水，揉成较软面团。

③左手压着面团的另一头，右手用力揉面团，把面团揉透，再用擀面杖来回压面团至面团光洁。

④用湿布盖好面团，饧 10 ~ 15 分钟。

（3）搓条、下剂

①两手把面团从中间往两头搓拉成长条形。

②右手用力摘下剂子。

③将面团摘成大小一致的剂子，每个剂子分量为 35 克。

（4）压剂、擀皮

①右手掌朝下，用力压扁剂子。

②左手拿着剂子的左边，右手用擀面杖擀皮子的边缘。

③右手边擀，左手边转动皮子，擀成薄圆形皮子。

（5）包馅、成形

①左手托起皮子，右手用馅挑把馅心放在皮子中间，馅心分量为 20 克。

②左手提着皮子的左边缘，右手慢慢拢上皮子包住馅心，再用右手的食指及大拇指在后面打出褶皱。

③包好的南瓜团放入蒸笼内，放在蒸锅上用中汽蒸 5 分钟。

（6）作品成熟

①把包完的三丁包放在蒸笼里加上盖，放在暖热的地方醒发 40 分钟。

②待包子醒发至体积增大，放在蒸汽锅中蒸 10 分钟。

2）三丁包的制作要领

①投料要恰当，水温要适中。

②面团揉光洁，剂子大小匀。

③皮子擀圆形，馅心要居中。

④包捏要正确，注意花纹美。

⑤把握醒发度，蒸制要盖好。

3）三丁包的质量标准

①色泽洁白。

②形态饱满，花纹均匀。

③皮坯松软，吃口香鲜。

[想一想]

你知道吗？制作三丁包需要用到：

设备：面案操作台、炉灶、锅、漏勺、手勺等。

用具：电子秤、擀面杖、面刮板、馅挑、小碗等。

原料：面粉、鸡肉、猪肉、冬笋、葱、姜等。

调味料：盐、糖、味精、胡椒粉、麻油等。

辅助料：酵母、泡打粉等。

[布置任务]

提问 1

三丁包是什么面团制作的？

提问 2

膨松面团应采用怎样的调制工艺流程？

提问 3

三丁包是用的何种成熟方法？

[小组讨论]

小组合作完成三丁包制作任务，进行小组技能实操训练，共同完成教师布置的任务，在制作中尽可能符合岗位需求的质量要求。

1. 任务分配

①把学生分为 4 组，每组发 1 套馅心及制作的用具，学生把猪肉丁、鸡肉丁、笋丁加入调味料烹制成馅心。馅心口味应该是咸甜适中，有香味。

②每组发1套皮坯原料和制作工具，学生自己调制面团，经过搓条、下剂、压剂、擀皮、包馅、成形等几个步骤，包捏成提裥形状的包子，大小一致。

③提供炉灶、锅、手勺、漏勺给学生，学生自己点燃煤气，调节火候。蒸熟三丁包，品尝成品。三丁包口味及形状符合要求，皮坯松软、馅心香鲜。

2. 操作条件

工作场地需要 1 间 30 平方米的实训室，设备需要炉灶、锅、蒸笼，辅助工具各 4 套，工作服 16 套，原材料等。

3. 操作标准

皮坯松软，外形圆整，花纹美观，馅心香鲜。

4. 安全须知

操作符合卫生，成熟注意安全。

[技能测评]

被评价者：____________

训练项目	训练重点	评价标准	小组评价	教师评价
三丁包制作	拌制馅心	烹制时按步骤操作，掌握调味品的加入量	Yes □ /No □	Yes □ /No □
	调制面团	调制面团时，符合规范操作，面团软硬适当	Yes □ /No □	Yes □ /No □
	搓条、下剂	搓条时用力要均匀，按照要求把握剂子的分量，每个剂子要求大小相同	Yes □ /No □	Yes □ /No □
	压剂、擀皮	压面坯时注意用力的轻重。擀皮方法正确，皮子大小均匀，中间稍厚四边薄	Yes □ /No □	Yes □ /No □
	包馅、成形	馅心摆放居中，包捏手法正确，外形美观	Yes □ /No □	Yes □ /No □
	作品成熟	面团醒发正好，把握蒸制时间	Yes □ /No □	Yes □ /No □

评价者：____________

日　期：____________

[练一练]

1. 膨松面团还可以制作哪些面点品种？
2. 三丁包的馅心是否还可以用其他原料制作？
3. 三丁包还可以包成哪些形态？
4. 每人回家制作 20 只三丁包。
5. 创意制作一款不同于三丁馅的提裥包。

知识小贴士

1. 调制膨松面团冬季用偏热的温水，春秋两季用偏冷的温水，夏季用冷水调制面团，水要分次加。

2. 制作馅心鸡肉丁要比猪肉丁切得稍大一点。口味是咸中带甜，味浓香鲜。颜色呈金黄色。

项目 2　甜味馅制作工艺

[学习目标]

【知识目标】

1. 识记甜味馅的原料加工要求。
2. 识记甜味馅的口味特点。
3. 识记甜味馅的制作要求。

【能力目标】

1. 能对甜味馅原料进行加工处理。
2. 能对不同甜味馅进行调制。
3. 能对不同甜味馅心进行烹制。

任务 1　腰果麻球制作

[任务描述]

腰果因其呈肾形而得名，腰果果实成熟时香飘四溢，甘甜如蜜，清脆可口，为世界著名的四大干果之一。腰果营养价值很高，含有丰富的蛋白质、脂肪和碳水化合物，味道香甜可口，油炸、盐渍、糖饯均可。腰果麻球是用米粉面团制作的复合口味的点心。本任务学做腰果麻球的制作方法。

[任务完成过程]

[看一看]

图 3.27　入锅炸

图 3.28　切成小粒

图 3.29　拌制馅心

图 3.30　面粉加水

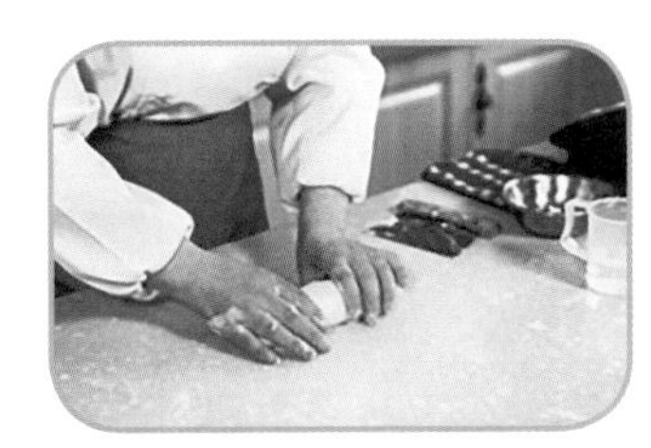

图 3.31　和制成团

图 3.32　搓条

图 3.33　切剂

图 3.34　捏皮

图 3.35　包馅搓圆

图 3.36　沾芝麻

图 3.37　放入油锅

图 3.38　成熟

[学一学]

1）腰果麻球的操作步骤

（1）拌制馅心

①腰果洗净焯水后油锅炸制成熟，用刀切成小粒。

②放入盆中加入腰果、细砂糖、猪油拌制成馅心。

（2）调制面团

①糯米粉 100 克、熟澄粉团 15 克围成窝状，猪油 10 克放入粉中间，冷水约 50 克再掺入粉中间，用右手调拌米粉。

②把米粉调成雪花状，洒少许水，揉成表面光洁米粉面团。

（3）搓条、下剂

①左右手配合把面团搓成长条状。

②右手用面刮板切下剂子，每个剂子分量为 25 克。

（4）制皮、包馅

①将剂子先搓成圆形，然后再捏成窝形。

②包入腰果馅 12 克。

③左右手配合，将皮子收起，搓成圆形米粉团。

④在米粉团的表面沾少许冷水，用手搓一下，放入白芝麻中滚沾上芝麻，再用手轻轻地搓紧芝麻，使之成芝麻团。

（5）**成形、成熟**

①把包完的芝麻团放在约 120 ℃的油温里，用小火慢慢氽炸。

②待麻球浮在油锅的表面时，转中火炸，边炸边用手勺推压麻球，待麻球体积逐渐变大时，转大火升高油温待麻球表面呈金黄色时取出。

2）腰果麻球的制作要领

①水温要适中，面团用力擦。
②皮子捏窝形，馅心要居中。
③包捏成圆形，注意收好口。
④芝麻要滚匀，把握火油温。

3）腰果麻球的质量标准

①色泽金黄。
②形态圆整，大小均匀。
③皮薄馅嫩，吃口香脆。

[想一想]

你知道吗？制作腰果麻球需要用到：
设备：面案操作台、炉灶、锅、漏勺、手勺等。
用具：电子秤、面刮板、馅挑、小碗等。
原料：糯米粉、澄粉、腰果、猪油、白芝麻等。
调味料：精制油、盐、糖、胡椒粉等。

[布置任务]

提问 1

腰果麻球是用什么面团制作？

提问 2

其他面团应采用怎样的调制工艺流程？

提问 3

腰果麻球是用的何种成熟方法？

[小组讨论]

小组合作完成腰果麻球制作任务，进行小组技能实操训练，共同完成教师布置的任务，在制作中尽可能符合岗位需求的质量要求。

1. 任务分配

①把学生分为 4 组，每组发 1 套馅心及制作的用具，学生把腰果、猪油等料加入调味料

拌成馅心。馅心口味应该是咸甜适中，有清香味。

②每组发1套皮坯原料和制作工具，学生自己调制面团，经过搓条、下剂、制皮、包馅、成形等几个步骤，包捏成腰果麻球，大小一致。

③提供炉灶、锅、手勺、漏勺给学生，学生自己点燃煤气，调节火候。炸熟麻球，品尝成品。麻球口味及形状符合要求，口感香脆。

2. 操作条件

工作场地需要 1 间 30 平方米的实训室，设备需要炉灶 4 个，锅 4 个，手勺、漏勺各 4 副，擀面杖、辅助工具各 8 套，工作服 15 套，原材料等。

3. 操作标准

成品要求大小一致，外观圆整。

4. 安全须知

腰果麻球要炸熟才能食用，成熟时小心火候及油温烫伤手。

[技能测评]

被评价者：__________

训练项目	训练重点	评价标准	小组评价	教师评价
腰果麻球制作	拌制馅心	拌制时按步骤操作，掌握调味品的加入量	Yes □ /No □	Yes □ /No □
	调制面团	调制面团时，符合规范操作，面团软硬适当	Yes □ /No □	Yes □ /No □
	搓条、下剂	搓条时用力要均匀，按照要求把握剂子的分量，每个剂子要求大小相同	Yes □ /No □	Yes □ /No □
	制皮、包馅	捏皮手法正确，馅心摆放居中，皮子与馅心比例恰当	Yes □ /No □	Yes □ /No □
	成形、成熟	包捏成圆形，收口要薄；油温掌握正确	Yes □ /No □	Yes □ /No □

评价者：__________

日　期：__________

[练一练]

1. 其他面团还可以制作哪些面点品种？
2. 腰果麻球的馅心是否还可以用其他原料制作？
3. 麻球除了可以制作成甜馅还能制作成什么口味的？
4. 每人回家制作 10 只腰果麻球。

知识小贴士

如何使麻球上的芝麻不脱落，将麻球面团放到少量冷水中滚一下，然后沾上芝麻，手中揉搓使其黏牢；其次炸制的油温非常重要（120 ℃），温度过低也会使芝麻掉落。

任务2 寿桃包制作

[任务描述]

寿桃包，是一款象形点心，会经常用在生日酒席上的点心。寿桃包外形像桃子，皮坯松软，口味香甜，属于膨松面团点心，馅心主要是豆沙。本任务学习寿桃包的制作方法。

[任务完成过程]

[看一看]

图3.39 面粉加水　图3.40 和面　图3.41 揉面

图3.42 饧面　图3.43 搓条　图3.44 下剂

图3.45 压剂　图3.46 制皮　图3.47 放馅

图 3.48　包馅

图 3.49　按压

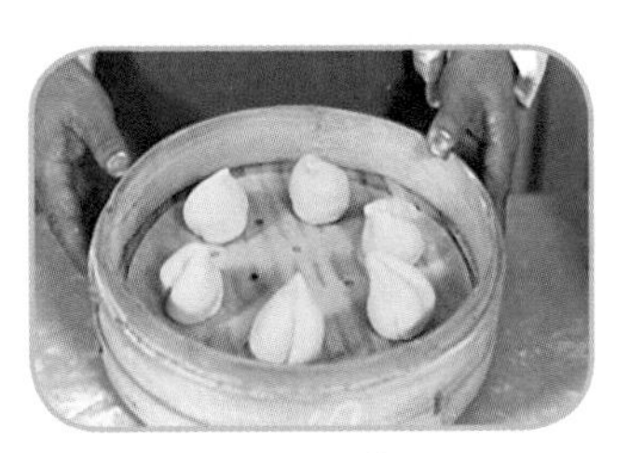

图 3.50　成熟

[学一学]

1）寿桃包的操作步骤

（1）调制面团

①面粉围成窝状，酵母、糖放入中间，泡打粉撒在粉的上面，中间加入温水，用右手调拌面粉。

②把面粉调成雪花状，洒少许温水，揉成较软面团。

③左手压着面团的另一头，右手用力揉面团，把面团揉光洁。

④用湿布或保鲜膜盖好面团，饧 10 ~ 15 分钟。

（2）搓条、下剂

①两手把面团从中间往两头搓拉成长条形。

②握住剂条，左手捏住剂条的上面，右手用力摘下剂子。

③面团摘成大小一致的剂子，每个剂子分量为 35 克。

（3）压剂、擀皮

①右手放在剂子上方。

②剂子竖直往上，右手掌朝下压，用力压扁剂子。

③左手拿着剂子的左边，右手用擀面杖擀皮子的边缘。

④右手边擀，左手边转动皮子，擀成薄圆形皮子。

（4）包馅、成形

①左手托起皮子，右手用馅挑把馅心放在皮子中间，馅心分量为 20 克。

②左手提着皮子的左边缘，右手慢慢拢上皮子包住馅心，成圆形的球，收口朝下。

③在圆形的表面用右手的食指及大拇指捏出尖部，再用面刮板在成品的中间按出一条印子，成桃状包子。

（5）作品成熟

①把包完的寿桃包放在蒸笼里加盖，并放在暖热的地方醒发 40 分钟。

②待寿桃包醒发至体积增大时，放在蒸汽锅中蒸 8 分钟。

2）寿桃包的制作要领

①水温要恰当，软硬要掌握。

②皮子不宜大，馅心要居中。

③包捏要正确，形态要逼真。

④醒发要适中，把握成熟时间。

3）寿桃包的质量标准

①色泽洁白。
②形态饱满，桃子形。
③皮坯松软，吃口香甜。

[想一想]

你知道吗？制作寿桃包需要用到：
设备：面案操作台、炉灶、锅、蒸笼、笼屉等
用具：电子秤、擀面杖、面刮板、馅挑、小碗等
原料：面粉、豆沙等
调味料：糖、酵母、泡打粉等

[布置任务]

提问 1

寿桃包是用什么面团制作的？

提问 2

膨松面团应采用怎样的调制工艺流程？

提问 3

寿桃包是用的何种成熟方法？

[小组讨论]

小组合作完成寿桃包制作任务，进行小组技能实操训练，共同完成教师布置的任务，在制作中尽可能符合岗位需求的质量要求。

1. 任务分配

①把学生分为 4 组，每组发 1 套馅心及制作用具。

②每组发 1 套皮坯原料和制作工具，学生自己调制面团，经过搓条、下剂、压剂、擀皮、包馅、成形等几个步骤，包捏成寿桃形状的包子，大小一致。

③提供炉灶、锅、蒸笼、笼屉给学生，学生自己点燃煤气，调节火候。蒸熟寿桃包，品尝成品。寿桃包口味及形状符合要求，口感松软香甜。

2. 操作条件

工作场地需要 1 间 30 平方米的实训室，设备需要炉灶 4 个，瓷盘 8 只，擀面杖、辅助工具各 8 套，工作服 15 套，原材料等。

3. 操作标准

面团醒发，皮坯松软，外形美观，馅心香甜。

4. 安全须知

寿桃包要蒸熟才能食用，成熟时小心火候及锅中的水烫伤手。

[技能测评]

被评价者：____________

训练项目	训练重点	评价标准	小组评价	教师评价
寿桃包制作	调制面团	调制面团时，符合规范操作，面团软硬适当	Yes □ /No □	Yes □ /No □
	搓条、下剂	搓条时用力要均匀，按照要求把握剂子的分量，每个剂子要求大小相同	Yes □ /No □	Yes □ /No □
	压剂、擀皮	压面坯时注意用力的轻重。擀皮方法正确，皮子大小均匀，中间稍厚四边薄	Yes □ /No □	Yes □ /No □
	包馅、成形	馅心摆放居中，包捏手法正确，外形美观	Yes □ /No □	Yes □ /No □
	作品成熟	面团醒发正好，把握蒸制时间	Yes □ /No □	Yes □ /No □

评价者：____________

日　期：____________

[练一练]

1. 膨松面团还可以制作哪些面点品种？
2. 寿桃包的馅心是否还可以用其他原料制作？
3. 寿桃包的皮坯能掺入其他原料一起调成面团制皮吗？
4. 寿桃包还有哪些形态？
5. 每人回家制作 20 只寿桃包。
6. 创意制作一款不同于寿桃形态的包子。

知识小贴士

寿桃包成形时动作要轻，居中按出一条印子以免露出豆沙馅。

项目 3　复合味馅制作工艺

[学习目标]

【知识目标】

1. 识记复合味馅原料加工要求。

2. 识记复合味馅的口味特点。
3. 识记复合味馅的制作要求。

【能力目标】

1. 能对复合味馅原料进行加工处理。
2. 能对不同复合味馅心进行调制。
3. 能对不同复合味馅心进行烹制。

任务 1　椒盐圆腰酥制作

[任务描述]

椒盐圆腰酥属于苏式月饼的一种椒盐味月饼，又称袜底酥，是江苏昆山千年水乡古镇锦溪镇的地方传统名点。椒盐圆腰酥松脆、香酥、层酥相叠，咸中带甜，葱香味浓。本任务学做椒盐圆腰酥。

[任务完成过程]

[看一看]

图 3.51　制馅

图 3.52　和水油面

图 3.53　擦干油酥

图 3.54　包油酥

图 3.55　擀面

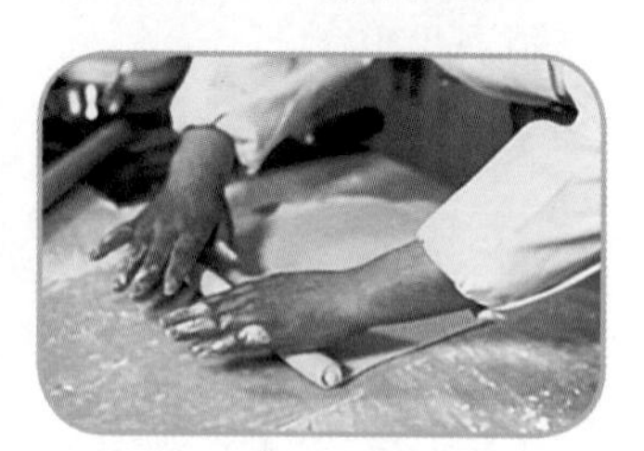
图 3.56　卷油酥

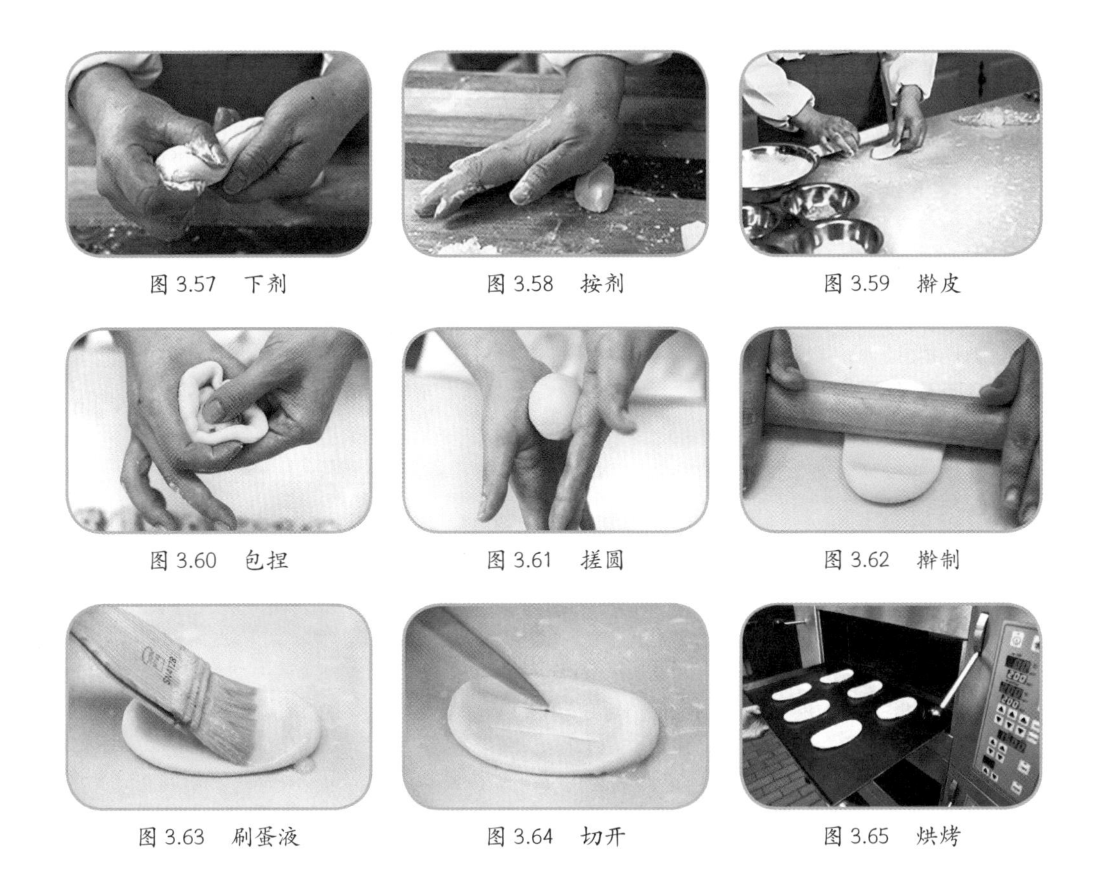

图 3.57　下剂　　图 3.58　按剂　　图 3.59　擀皮

图 3.60　包捏　　图 3.61　搓圆　　图 3.62　擀制

图 3.63　刷蛋液　　图 3.64　切开　　图 3.65　烘烤

[学一学]

1）椒盐圆腰酥的操作步骤

（1）拌制馅心

①将烘烤过的面粉、葱花、猪油、糖粉、盐称好后放入盛器内。

②用手将馅料捏制成团。

（2）调制面团

①面粉 100 克围成窝状，猪油 15 克放入粉中间，温水约 50 克再掺入面粉中间，用右手调拌面粉。

②把面粉调成雪花状，洒少许水，揉成较软的水油面团。醒面 5 ~ 10 分钟。

③面粉 60 克围成窝状，猪油 30 克放入粉中间，用右手调拌面粉，搓擦成干油酥面团。

（3）擀制层酥

①水油面压成圆扁形的皮坯，中间包入干油酥。

②包入干油酥的面坯先用右手轻轻地压扁，再用擀面杖从中间往左右两边擀，擀成长方形的薄面皮。

③先将薄面皮由两头往中间一折三，再用擀面杖把面坯擀开成长方形面皮，然后把面皮由外往里卷成长条形的圆筒剂条。

（4）搓条、下剂

①左手握住剂条，右手捏住剂条上端。

②右手用力摘下剂子。
③将面团摘成大小一致的剂子，剂子分量 25 克。

（5）压剂、擀皮

①右手放在剂子上方，手掌朝下，压住剂子。
②右手掌朝下，用力压扁剂子。
③左手拿住剂子，右手拿擀面杖，转动擀面杖擀剂子成薄形皮子。

（6）包馅、成形

①左手托起皮子，右手把馅心放在皮子中间。
②左右手配合，将皮子收起。
③将皮子包住馅心，包成椭圆形，再用擀面杖按压成两头稍厚中间略薄的袜底形。
④在椒盐圆腰酥表面刷上蛋液，用小刀划出一长一短的两条线。

（7）作品成熟

把成形后的椒盐圆腰酥放在烤盘里，并放到上温为 200 ℃，下温为 200 ℃烤箱中，烤 15 分钟饼面呈金黄色即可。

2）椒盐圆腰酥的制作要领

①油面与油酥比例恰当，油面、油酥揉光洁。
②擀制层酥用力要均匀，擀制干粉要少撒。
③皮子擀制掌握厚薄度，馅心居中搓椭圆。
④擀制两头稍后中间薄，刷上蛋液划两下。

3）椒盐圆腰酥的质量标准

①色泽金黄色。
②袜底形，大小均匀。
③吃口酥松，咸中带甜。

[想一想]

你知道吗？制作椒盐圆腰酥需要用到：
设备：面案操作台、烤箱、烤盘、铲子等。
用具：电子秤、擀面杖、面刮板、馅挑、刷子、小碗等。
原料：面粉、葱花、猪油、蛋液等。
调味料：糖、盐、味精、胡椒粉、酱油、麻油等。

[布置任务]

提问 1

椒盐圆腰酥是用什么面团制作的？

提问 2

油酥面团应采用怎样的调制工艺流程？

提问 3

椒盐圆腰酥是用的何种成熟方法？

[小组讨论]

小组合作完成椒盐圆腰酥制作任务，进行小组技能实操训练，共同完成教师布置的任务，在制作中尽可能符合岗位需求的质量标准。

1. 任务分配

①把学生分为 4 组，每组发 1 套馅心及制作的用具，学生把熟面粉加入调味料拌成馅心，馅心口味应该是椒盐味的。

②每组发 1 套皮坯原料和制作工具，学生自己调制面团，擀制层酥。经过搓条、下剂、压剂、擀皮、包馅、成形等几个步骤，包捏成圆形的饼状，大小一致。

③提供烤箱、烤盘、铲子、石棉手套等设备及用具给学生，学生自己点燃烤箱，调节火候。烤熟椒盐圆腰酥，品尝成品。椒盐圆腰酥口味及形状符合要求，口感香鲜酥松。

2. 操作条件

工作场地需要 1 间 30 平方米的实训室，设备需要烤箱 4 个，烤盘 4 个，擀面杖、辅助工具各 8 套，工作服 15 套，原材料等。

3. 操作标准

椒盐圆腰酥要求皮坯酥松，口感香鲜，外形圆整。

4. 安全须知

椒盐圆腰酥要烤熟才能食用，成熟时小心烤盘及烤箱的温度烫伤手。

[技能测评]

被评价者：____________

训练项目	训练重点	评价标准	小组评价	教师评价
椒盐圆腰酥制作	拌制馅心	拌制时按步骤操作，掌握调味品的加入量	Yes □ /No □	Yes □ /No □
	调制面团	调制面团时，符合规范操作，面团软硬适当	Yes □ /No □	Yes □ /No □
	擀制层酥	压面坯时注意用力的轻重，擀面坯时用力要均匀	Yes □ /No □	Yes □ /No □
	搓条、下剂	手法正确，按照要求把握剂子的分量，每个剂子大小相同	Yes □ /No □	Yes □ /No □
	压剂、擀皮	压剂、擀皮方法正确，皮子大小均匀，中间稍厚，四边稍薄	Yes □ /No □	Yes □ /No □

续表

训练项目	训练重点	评价标准	小组评价	教师评价
椒盐圆腰酥制作	包馅、成形	馅心摆放居中，包捏手法正确，外形美观	Yes □ /No □	Yes □ /No □
	作品成熟	成熟方法正确，皮子不破损，馅心符合口味标准	Yes □ /No □	Yes □ /No □

评价者：________________

日　期：________________

[练一练]

1. 油酥面团可以分为几类？
2. 椒盐圆腰酥馅心的调制，是否还可以加入其他调味料？
3. 你还知道哪些酥松类点心？
4. 每人回家制作 10 只椒盐圆腰酥。
5. 创意制作一款不同于椒盐圆腰酥的其他口味的酥饼。

知识小贴士

椒盐圆腰酥馅心调制为什么要用熟面粉？

酥松类制品中一般使用干馅、熟馅，使用熟的面粉既能保证制品成熟后不会产生夹生的口感，又会因面粉成熟产生特有的香味增加点心的风味。

任务 2　核桃酥制作

[任务描述]

核桃酥是一款象形点心，也是用在宴会上的点心。核桃酥形象逼真，皮坯松脆，口味香甜，营养丰富，属于油酥面团类点心，馅心主要是核桃。核桃酥制作体现了较深的包捏、钳花基本功，本任务学习核桃酥的制作方法。

[任务完成过程]

[看一看]

图 3.66　拌制馅心　图 3.67　和面　图 3.68　揉面

图 3.69　饧面　图 3.70　包酥　图 3.71　起酥

图 3.72　折叠　图 3.73　下剂　图 3.74　按剂

图 3.75　擀皮　图 3.76　上馅　图 3.77　包捏

图 3.78　钳花 1　图 3.79　钳花 2

[学一学]

1）核桃酥的操作步骤

（1）拌制馅心

核桃仁 100 克，腰果仁 30 克，用烤箱烤熟，取出用擀面杖压成碎粒。加入糖粉 100 克，糕粉 30 克，猪油 20 克搅拌，最后加入葱油 10 克拌均匀。

（2）调制面团

①面粉 100 克围成窝状，猪油 15 克、可可粉 8 克放入面粉中间，温水约 60 克再掺入面粉中间，用右手调拌面粉。

②把面粉调成雪花状，洒少许水，揉成较软的水油面团。醒面 5 ~ 10 分钟。面粉 60 克围成窝状，猪油 30 克、可可粉 5 克放入面粉中间，用右手调拌面粉，搓擦成干油酥面团。

（3）擀制层酥

①水油面压成圆扁形的皮坯，中间包入干油酥。

②先将薄面皮由两头往中间一折三，再用擀面杖把面坯擀开成长方形面皮，然后把面皮由外往里卷成长条形的圆筒剂条。

③包入干油酥的面坯先用右手轻轻地压扁，再用擀面杖从中间往左右两边擀，擀成长方形薄面皮。

（4）搓条、下剂

①左手握住剂条，右手捏住剂条上端。

②右手用力摘下剂子。

③将面团摘成大小一致的剂子。

（5）压剂、擀皮

①右手放在剂子上方。

②右手掌朝下，压住剂子。

③右手掌朝下，用力压扁剂子。

④双手放在擀面杖的两边，再把擀面杖放在压扁的剂子中间。

⑤用双手上下转动擀面杖擀剂子成薄形皮子。

（6）包馅、成形

①左手托起皮子，右手用馅挑把馅心放在皮子中间。

②将皮子包住馅心，包成圆形。

③左手拿住成品，右手拿住大花钳。

④在成品的中间用大花钳夹一条径，由左向右夹。

⑤用大花钳的边上，再在夹出的径上钦一条缝。

⑥换成小花钳再在径的左边夹出花纹。

⑦把成品转到另一边，再在上面相反方向用小花钳夹出花纹，使其成核桃形。

（7）作品成熟

把包完的核桃酥收口朝下放在烤盘里，整齐摆放进上温为 210 ℃，下温为 220 ℃的烤箱中。烤 25 ~ 30 分钟，呈咖啡色。

2）核桃酥的制作要领

①剂子分量要准确（大小一致）。

②皮子擀制要适中（厚薄均匀）。

③馅心务必要圆形（摆放居中）。

④核桃中线要居中（中间钳缝）。

⑤钳子深度要适中（花纹美观）。

3）核桃酥的质量标准

①色泽咖啡色。
②大小一致，花纹美观。
③皮坯酥松，吃口香甜。

[想一想]

你知道吗？制作核桃酥需要用到：
设备：面案操作台、炉灶、烤箱、烤盘等
用具：电子秤、擀面杖、面刮板、大花钳、小花钳、馅挑、小碗等
原料：面粉、核桃仁、腰果仁、猪油、糕粉、可可粉等
调味料：糖粉、猪油、葱油等

[布置任务]

提问 1

核桃酥馅心的用料有哪些？

提问 2

层酥面团应采用怎样的调制工艺流程？

提问 3

核桃酥成熟的温度是多少？

[小组讨论]

小组合作完成核桃酥制作任务，进行小组技能实操训练，共同完成教师布置的任务，在制作中尽可能符合岗位需求的质量要求。

1. 任务分配

①把学生分为 4 组，每组发 1 套馅心及制作的用具。学生把核桃仁、腰果仁等原料加入调味料拌制成馅心，馅心口味应该是咸甜适中，有香味。

②每组发 1 套皮坯原料和制作工具，学生自己调制面团，经过搓条、下剂、压剂、擀皮、包馅、成形等几个步骤，包捏成核桃形状的酥点，大小一致。

③提供炉灶、锅、手勺、漏勺、烤箱给学生，学生自己开启烤箱，调节温度。烤熟核桃酥，品尝成品。核桃酥的口味及形状符合要求，口感酥香。

2. 操作条件

工作场地需要 1 间 30 平方米的实训室，设备需要炉灶 4 个，瓷盘 8 只，擀面杖、辅助工具各 8 套，工作服 15 套，原材料等。

3. 操作标准

核桃酥要求酥松，吃口香甜，外形像核桃。

4. 安全须知

核桃酥要烤熟才能食用，成熟时小心炉温烫伤手。

[技能测评]

被评价者：____________

训练项目	训练重点	评价标准	小组评价	教师评价
核桃酥的制作	拌制馅心	拌制时按步骤操作，掌握调味品的加入量	Yes □ /No □	Yes □ /No □
	调制面团	调制面团时，符合规范操作，面团软硬适当	Yes □ /No □	Yes □ /No □
	擀制层酥	压面坯时注意用力的轻重。擀面坯时用力要均匀，少撒干粉	Yes □ /No □	Yes □ /No □
	搓条、下剂	手法正确，按照要求把握剂子的分量，每个剂子要求大小相同	Yes □ /No □	Yes □ /No □
	压剂、擀皮	压剂、擀皮方法正确，皮子大小均匀，中间厚，四边薄	Yes □ /No □	Yes □ /No □
	包馅、成形	馅心摆放居中，包捏手法正确，外形美观	Yes □ /No □	Yes □ /No □
	作品成熟	成熟方法正确，皮子不破损，馅心符合口味标准	Yes □ /No □	Yes □ /No □

评价者：____________

日　期：____________

[练一练]

1. 油酥面团还可以制作哪些面点品种？
2. 核桃酥的馅心是否还可以用其他原料制作？
3. 油酥面团的皮坯能掺入其他原料一起调成面团制品吗？
4. 大家想一想酥点还有哪些形态？
5. 每人回家制作 10 只核桃酥。
6. 创意制作一款不同于核桃形态的酥点。

知识小贴士

在钳制花纹时，动作轻不要夹伤手指，夹时右手用力要均匀，夹出的径粗细应一致。注意钳侧面花纹时，两面钳的花纹要相反。

模块4

面点成形工艺

模块描述

✧ 面点成形是一项技艺性工作，它是面点制作的重要组成部分。成形是用皮坯按照点心成品的要求包以馅心（或不包馅心），并运用各种手法将其做成各种形状的过程。

模块目标

✧ 能了解面点成形的相关知识。
✧ 能学会面点成形的相关手法。
✧ 能熟悉面点成形的相关技巧。

模块内容

✧ 项目1　成形方法的分类与要求
✧ 项目2　成形方法的运用

项目 1　成形方法的分类与要求

[学习目标]

【知识目标】

1. 了解搓、切、卷、包、捏等成形的操作步骤与要求。
2. 了解擀、叠、摊、抻、拧等成形的操作步骤与要求。
3. 了解按、剪、削、拨、滚黏等成形的操作步骤与要求。
4. 了解挤、钳花、镶嵌、模印等成形的操作步骤与要求。

【能力目标】

1. 能熟练运用面点制作的常用成形方法。
2. 能按面点制作的要求合理地选择成形方法。
3. 能按面点制作的特点合理地选用模具进行成形。

任务 1　成形方法的分类

[任务描述]

首先老师播放用搓、切、卷、包、捏成形方法制作点心的视频，然后讲解面点成形方法的分类，再把学生分成 4 个小组，每组学生任选 1 种成形方法并讲出概念，本任务使学生了解面点的各种成形方法。

[任务完成过程]

[看一看]

图 4.1　搓

图 4.2　切

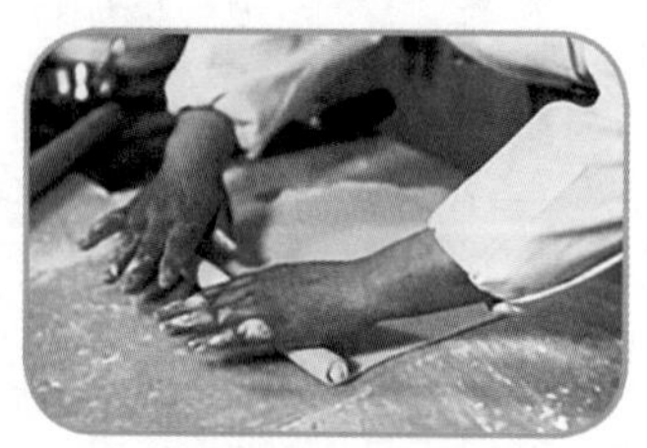

图 4.3　卷

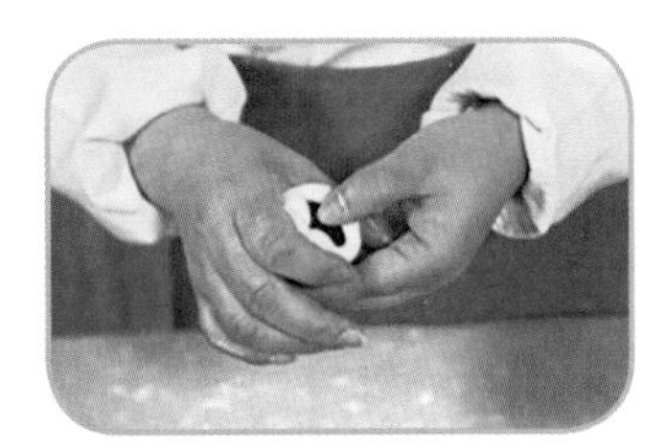

图 4.4 包

图 4.5 捏

[学一学]

你知道吗？面点制品花色繁多，成形方法也是多种多样的，大体上可分为搓、包、卷、捏、抻、切、削、拨、叠、摊、擀、按、拧、挤、钳花、模印、滚黏、镶嵌、剪等。

[导入知识 1]

搓、切、卷、包、捏等成形法

1）搓

搓就是根据制品的要求，将面坯揉搓成规定的形状，可分为搓条和搓形两种手法。

2）切

切就是用刀具将制成的整块面坯分割成符合成品或半成品形态、规格的方法。

3）卷

一般是将擀制好的面坯，经加馅、抹油或直接根据品种要求，卷成圆柱、如意等形状，并形成间隔层次，然后制成半成品或成品的过程。

4）包

包就是将各种不同的馅料或原料，通过操作与坯料合为一体，成为半成品或成品的方法。

5）捏

捏就是将包入或不包入馅心的坯料，经双手的指法技巧，根据成品的形态要求，捏制不同造型的方法。

[导入知识 2]

擀、叠、摊、抻、拧等成形法

1）擀

擀就是运用各种面杖工具将面坯擀制成不同形态的一种工艺手法。

2）叠

叠常与折连用，是将经过擀制的面坯，经折、叠手法，制成半成品形态的一种方法。

3）摊

摊就是将较稀软或糊状面坯，放入经加热的铁锅内，通过锅体把温度传给面坯，再经旋转，使面坯形成圆形成品或半成品的方法。

4）抻

抻又称“抻拉法”，是我国面点制作中一项独有的成形手法技巧。抻就是将调制好的面坯，通过双手不断上下顺势抖动，再反复扣合、抻拉，将大块的面坯拉成粗细均匀、富有韧性的条、丝状的独特工艺方法。

5）拧

拧一般可分为两种：一种是用两只手握住物体的两端分别向相反的方向用力，如鸡丝卷、麻花等，拧制时两手用力要均匀，也不可用力过大，避免将面团拧断；另一种是左手托着，用右手两三根手指扭住面团，使劲转动产生拉力，如馅饼、烧饼等的拧收口。

[导入知识 3]

按、剪、削、拨、滚黏等成形法

1）按

按就是用手掌跟或手指按压坯形的手法。按常作为辅助手法使用，配合包、印模等成形工艺。

2）剪

剪是利用剪刀工具，在制品的表面剪出独特形态的一种成形方法。剪常配合包、捏等手法，可使制品形象更加逼真。

3）削

削俗称削面，就是将调制好的面坯用特殊刀具将其制成面条或面片的方法。

4）拨

拨是将调和成糊状的面坯，盛放在盆子中，用竹签顺着盆沿拨下，流出条状面浆，形成似小银鱼的面条。

5）滚黏

滚黏是通过滚动小块原料，使制品逐渐黏上粉粒而形成的一种方法。

[导入知识 4]

挤、钳花、镶嵌、模印等成形法

1）挤

挤即挤注，就是将盛有主坯的布袋或油纸筒，通过手指挤压，使坯料均匀地从袋嘴流出

而形成各式品种形态（或馅心）的一种方法。这种方法多用于烤制成熟的面点。

2）钳花

钳花是运用各种钳花的小工具，在制好的生坯上钳成一定的花形，形成多种多样的花色品种。

3）镶嵌

镶嵌是在糕点生坯中嵌入一定的原料，使之成熟后，表面色泽和谐，或图案美观，或层次清晰，或色调优雅，它主要是起装饰、美化成品的作用。

4）模印

模印是运用各种食品模具来压印成形的方法。模具的图案多种多样，通过模印可使制品形态更美观。

[想一想]

怎样对面点成形方法进行分类？由于面点制品花色繁多，成形方法也是多种多样的，大体上可分为搓、包、卷、捏、抻、切、削、拨、叠、摊、擀、按、拧、挤、钳花、模印、滚黏、镶嵌、剪等。

[布置任务]

提问 1

中式面点制作的成形方法可以分为哪几种？

提问 2

请列举用“挤、钳花、镶嵌、模印”成形方法制作的点心各一款。

[小组讨论]

把班级分成 4 组，每组根据教师给出的问题展开讨论，参照刚学的知识，也可以查阅相关资料，小组合作完成教师布置的任务。每组推荐 1 名学生代表介绍本小组的讨论结果，与全班学生一起分享任务完成情况，促进小组间的相互交流和提高。

任务完成情况评价表

组别：　　　　　　　　　　　　　　　　学生姓名：

序号	考核点	学生本人评价	组长评价	教师评价
1	学习态度与纪律			
2	参与讨论的能力			
3	学习积极性与主动性			

续表

序号	考核点	学生本人评价	组长评价	教师评价
4	问题回答的准确性			
5	团队合作能力			

[练一练]

1. 剪、切成形方法应注意哪些事项？
2. 抻、切成形法适用于什么面点品种？
3. 削、拨成形法适用于什么面点品种？
4. 滚黏、镶嵌适用于什么面点品种？
5. 拧、挤适用于什么面点品种？

任务2　常用成形方法与要求

[任务描述]

首先老师播放几种面点制作中常用的成形方法视频，然后进一步讲解面点常用的成形方法，再把学生分成4个小组，让每组学生任选一种成形方法，讲出使用要求，通过本任务的学习，学生能熟练掌握面点制作中常用的成形方法和要求。

[任务完成过程]

[看一看]

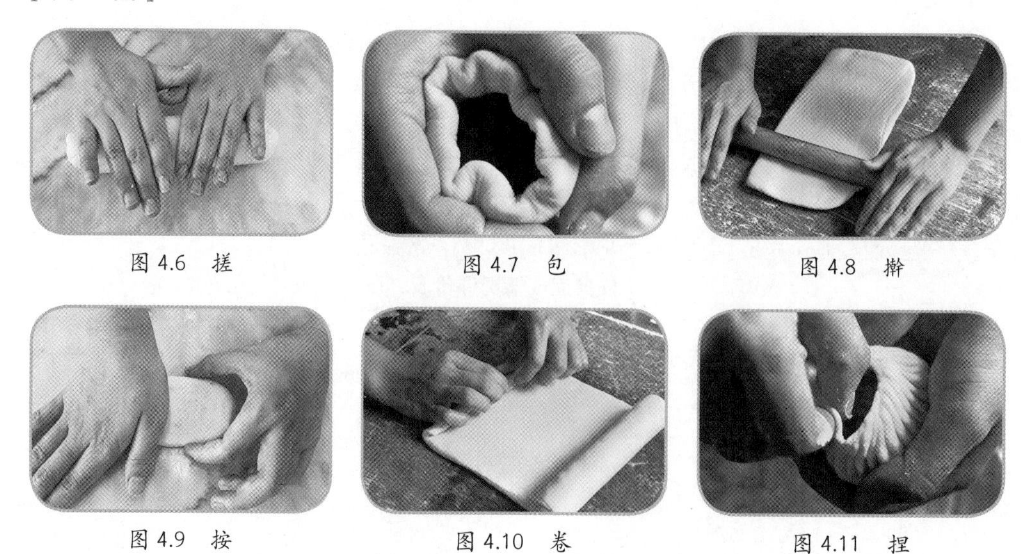

图4.6　搓　　图4.7　包　　图4.8　擀

图4.9　按　　图4.10　卷　　图4.11　捏

图 4.12　切

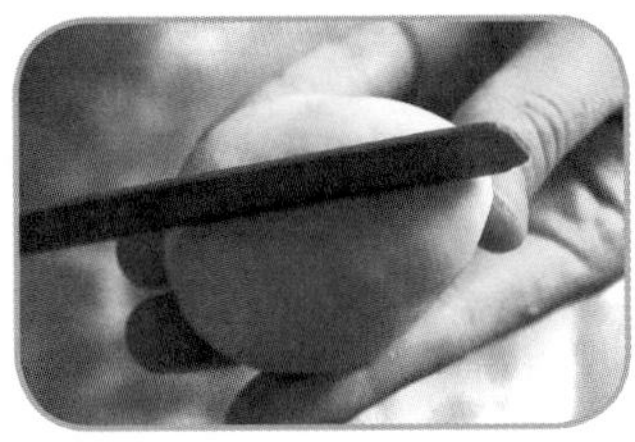
图 4.13　压

图 4.14　钳

[学一学]

你知道吗？面点制作中最常用的成形方法有 5 种：搓、切、卷、包、捏，也是我们制作点心时所用到的最基本成形法。

[导入知识]

面点制作中常用的成形方法

1）搓

搓是一项基本技术动作，在坯料制作中也有运用。成形中，分为搓条和搓形两种手法。搓条与面团的搓条相似，双手搓动坯料，同时伸长或搓上劲。搓条要求粗细均匀、搓紧、搓光，如麻花、辫子面包等。搓形是用手握住坯剂，绕圆形向前推搓，边揉边搓或双手对搓使坯剂同时旋转，搓成拱圆形、蛋形或桩形，如面包、高桩馒头等。搓这种成形方法，适合于膨松型面团的制品，有些品种需要与其他手法配合成形。

根据不同的成形特点，操作时又分为单手搓形和双手搓形两种手法。搓形要求使制品内部组织紧密，外形整齐一致，表面光洁。

2）包

包是将制好的皮子包入馅心使之成形的一种方法。大包、馅饼、馄饨、烧卖、春卷、粽子等品种都采用包的成形法。

包要注意包合，用力要轻，不可将馅挤出，要捏紧捏合，厚薄均匀，不要捏成一个疙瘩。

包馅要求：馅心居中，规格一致，形态美观，方法正确，动作熟练。

3）擀

擀是指面团生坯用面杖擀成片状，主要适合于各式皮子的制作和面条的前一道工序及饼类擀制。擀分为按剂擀或生坯擀两种。按剂擀是将摘好的面剂按扁后，擀成形，如饺子皮。生坯擀，即将制好的生坯擀制成形。

所有的饼制品都用擀法，即面团和好、揉好后制成剂子，首先擀成大圆片，刷上油，撒上盐，卷叠成层，捏住剂口，再用擀的方法，擀成符合成品要求的厚薄和形状，如圆形、长方形、方块形等。

知识小贴士

擀成形主要注意以下几点：

1. 向外推擀，动作要轻，前后左右推拉一致，四边要匀。一般是推拉成圆后，再横过来，转圈擀圆。

2. 擀时用力要适当，特别是最后快成圆形时，用力更要均匀，不但要求擀得圆，也要求各个部位厚薄一致。

制作时要求做到：工具使用得心应手，操作用力均匀，手法灵活熟练。制成产品规格一致，形状美观、整齐。

4）按

按也叫压、揿，是用手掌跟或手指，按扁坯成圆形，主要是适合形体较小的包馅面点，如馅饼等，包好馅后，用手一按即成。比用擀面杖擀效率高，同时，也不易挤出馅心。

知识小贴士

按操作时，必须用力均匀，轻重适当，包馅品种更应注意馅心的按压要求，防止馅心外露。

5）卷

卷是将擀好的面片或皮子，按需要抹上油或馅，或根据品种要求直接卷成不同形式的圆柱状并形成间隔层次，然后制成成品或半成品，再用刀切成块的一种成形方法。这种方法适合于制作各种花卷、单双套环花卷、蝴蝶卷、菊花卷等。花卷在制作中分为单卷、双卷两种制法。单卷法是将面团擀成薄片，抹油后，从一边卷向另一边，再卷成圆筒形，下剂；双卷法是将面团擀成薄片，抹油后，从两边向中间卷起，卷到中心为止，两边要卷得平均，变成双筒形，接着双手从中间向两头捋条，达到粗细均匀，最后切成剂子。

知识小贴士

卷的方法较简单，但若卷制不好，也会影响成形，卷制时应注意以下几点：

1. 卷的两端要整齐，卷紧。

2. 要卷得粗细均匀，因此，擀制时必须擀得厚薄一致。

3. 某些卷制的面点，要求其截面呈现出卷的层次，为保持其切面的花纹不被破坏，切制品要求刀锋利，动作快速，一刀到底。

4. 卷制需要抹馅的品种，馅不可抹到边缘，以防止卷制时将馅心挤出，既影响美观又损失原料。

6）捏

捏是将包入或不包入馅心的坯料，运用手指技巧，按照成品要求进行造型的方法，主要用于塑造象形品种，是富有艺术性的一项操作。

捏法的品种很多，变化灵活，使用的动作也多种多样，有推捏、搓捏、折裥等多种，所做的成品或半成品，不但要求色泽美观，而且要求形象逼真，如各种花色蒸饼、象形船点、糕团、花纹包、虾饺等。

知识小贴士

向外推擀，动作要轻，前后左右推拉一致，四边要匀。

捏常与包结合运用，有时还需利用各种小工具进行成形，如花钳、剪刀、梳子、角针等。

7）切

切是以刀为工具，将面坯分割而成形的一种手法。切的方法有几种，以里向外慢慢推切的手法称切，自上而下迅速剁下的直刀手法称剁。切的方法虽然简单，但刀工、刀法形式多样，如切面条、切馒头、切糕等，操作时所用刀具和成形要求、规格都不一样，手法动作要领更不相同，需要在长期的操作实践中领会和提高。

知识小贴士

切的成形操作要求：下刀准确，规格一致，动作灵活，技术熟练。

8）叠

叠是指将擀好的面片，按需要折叠成多层次的一种手法。叠要根据制品的需要，有的叠单层，有的叠多层。下面以千层糕为例，说明叠的方法和要领。首先，将已和好的面团擀成长 90 厘米，宽 30 厘米，抹上油再叠成 4 层，再擀再叠 1 次，最后成 64 层、厚约 7 厘米的坯。

知识小贴士

叠时应注意以下几点：

1. 叠是和擀相结合的一种工艺操作技法，边擀边叠，要求每一次都必须擀得厚薄均匀，否则成品的层次将出现厚薄不均匀的现象，并且要求擀得四边规整。

2. 叠制前的抹油是为了隔层，但不能抹得太多，而要抹得均匀，如抹油过多，会影响擀制，如抹不匀，容易粘连。

[想一想]

你知道吗？面点制作中常用成形方法有哪几种？

[布置任务]

提问 1

中式面点制作最常用的成形方法有哪几种？

提问 2

请列举用“搓、切、卷、包、捏、擀”成形方法制作的点心各一款。

[小组讨论]

把班级分成 4 组，每组根据教师给出的问题展开讨论，参照刚学的知识，也可以查阅相关资料，小组合作完成教师布置的任务。每组推荐 1 名学生代表介绍本小组的讨论结果，与全班学生一起分享任务完成情况，促进小组间的相互交流和提高。

任务完成情况评价表

组别：　　　　　　　　　　　　　　　　　　学生姓名：

序号	考核点	学生本人评价	组长评价	教师评价
1	学习态度与纪律			
2	参与讨论的能力			
3	学习积极性与主动性			
4	问题回答的准确性			
5	团队合作能力			

[练一练]

1. 搓成形方法应注意哪些要点？
2. 切成形方法应注意哪些要点？
3. 卷成形方法应注意哪些要点？
4. 包成形方法应注意哪些要点？
5. 捏成形方法应注意哪些要点？

项目 2　成形方法的运用

[学习目标]

【知识目标】

1. 识记面点成形方法的种类
2. 识记面点成形方法的运用
3. 识记面点成形方法的要求

【能力目标】

1. 能对面点成品需要进行成形
2. 能对不同面点进行成形
3. 能掌握各种成形方法

任务 1　桂花拉糕制作

[任务描述]

八月桂花飘香，人们纷纷赏桂。桂花拉糕不仅闻着香，品尝可更香。桂花拉糕就是采用天然的桂花经糖腌渍后的原料加上糯米粉制出的。此点心是江、浙、沪一带人们非常喜爱食用的糕点。本任务学做桂花拉糕。

[任务完成过程]

[看一看]

图 4.15　调制面浆

图 4.16　倒入模具

图 4.17　成熟

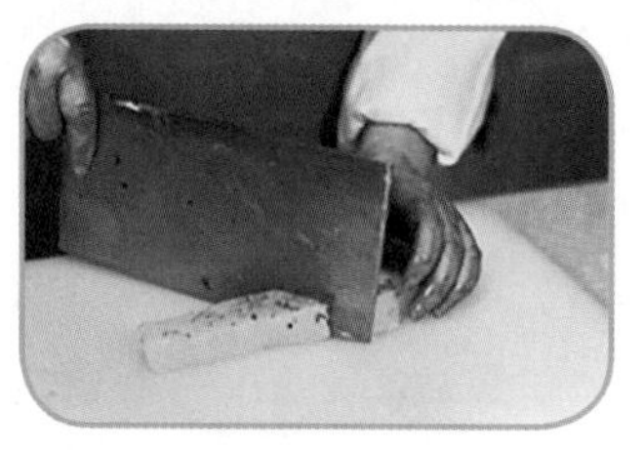

图 4.18　成形

图 4.19　装盘

[学一学]

1）桂花拉糕的操作步骤

（1）调制粉浆

①将糯米粉 100 克、澄粉 15 克、绵白糖 40 克、精制油 25 克等倒入汤碗中，加入冷水 50 克，用右手调拌米粉成厚粉浆状。

②在干净的方盘表面抹上油，把调匀的厚粉浆倒入方盘铺平。

（2）成熟

①把盘子放入笼屉里，上蒸汽蒸 15 分钟。

②把面粉调成雪花状，洒少许水，揉成较软的水油面团。醒面 5 ~ 10 分钟。

（3）成形

用干净的刀把糕切成菱形状，把粘住桂花的一面朝上摆放在盘中。

2）桂花拉糕的制作要领

①粉掺水比例恰当，米浆厚薄要适中。

②盛浆方盘要抹油，米浆倒入要均匀。

③成熟蒸汽不宜大，要掌握成熟时间。

④糕熟后要稍冷却，切制糕坯要抹油。

3）桂花拉糕的质量标准

①色泽洁白。

②形菱形，大小均匀。

③香甜软糯。

[想一想]

你知道吗？桂花拉糕需要准备的物品

设备：面案操作台、炉灶、锅、蒸笼、笼屉等。

用具：电子秤、刀、汤碗、方盘等。

原料：糯米粉、澄粉、糖桂花等。

调味料：精制油、绵白糖等。

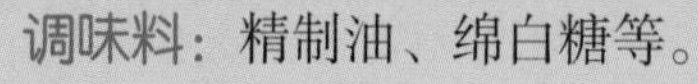

[布置任务]

提问 1

糯米粉有哪些品种?

提问 2

桂花拉糕的蒸制要求是什么?

提问 3

桂花拉糕的成熟温度是多少?

[小组讨论]

小组合作完成桂花拉糕制作任务，进行小组技能实操训练，共同完成教师布置的任务，在制作中尽可能符合岗位需求的质量要求。

1. 任务分配

①把学生分为 4 组，每组发 1 套桂花拉糕的原料及制作用具。

②学生自己调制米浆，经过掺水、拌制、成熟、成形等几个步骤，制成桂花拉糕，拉糕切制要求大小一致，注意卫生。

③提供炉灶、锅、蒸笼给学生，学生自己点燃煤气，调节火候。蒸熟糕坯，品尝成品。桂花拉糕口味及形状符合要求，口感香甜软糯。

2. 操作条件

工作场地需要 1 间 30 平方米的实训室，设备需要炉灶、锅、蒸笼，辅助工具 4 套，工作服 16 套，原材料等。

3. 操作标准

成品要求大小一致，口感香甜软糯。

4. 安全须知

操作卫生、安全。

[技能测评]

被评价者：________________

训练项目	训练重点	评价标准	小组评价	教师评价
桂花拉糕制作	调制粉浆	调制粉浆时，符合规范操作，粉浆厚薄均匀适当	Yes □ /No □	Yes □ /No □
	成熟	把握蒸汽的大小及成熟时间	Yes □ /No □	Yes □ /No □
	成形	切制方法正确，符合卫生要求	Yes □ /No □	Yes □ /No □

评价者：________________

日　期：________________

[练一练]

1. 米粉面团还可以制作哪些面点品种？
2. 桂花拉糕属于什么糕类？
3. 米粉面团还可以制作哪些点心？
4. 每人回家制作一盘桂花拉糕。
5. 创意制作一款用糯米粉制作的糕。

知识小贴士

调制粉浆，厚薄均匀恰当。掌握成熟的蒸汽大小及时间的长短。成形符合卫生要求。

任务2 鸳鸯蒸饺制作

[任务描述]

鸳鸯蒸饺是酒席上常提供的点心，鸳鸯蒸饺用两种颜色的食物作装饰，色彩鲜艳，诱人食欲，口感鲜嫩，人们非常喜欢品尝。本任务学习鸳鸯蒸饺的制作。

[任务完成过程]

[看一看]

图4.20 拌制馅心

图4.21 加葱姜汁

图4.22 制作蛋黄蓉

图4.23 制作胡萝卜蓉

图4.24 面粉加水

图4.25 和面

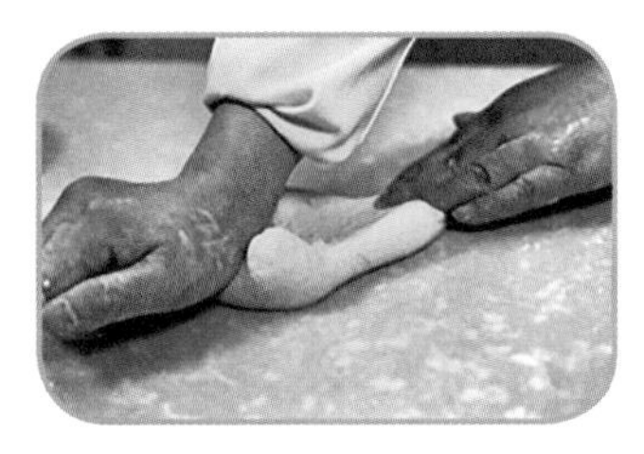
图 4.26　揉面

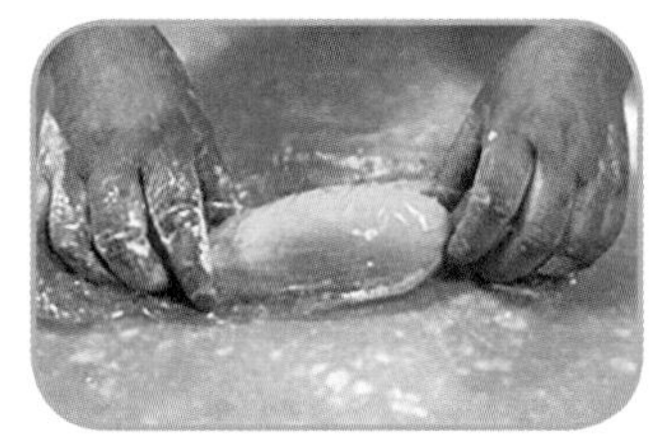
图 4.27　饧面

图 4.28　搓条

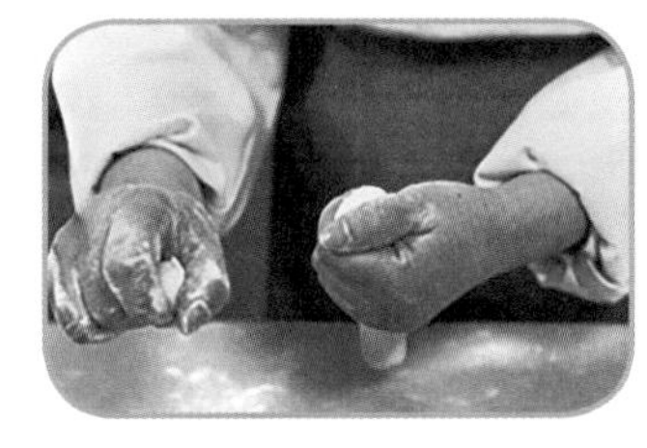
图 4.29　下剂

图 4.30　擀皮

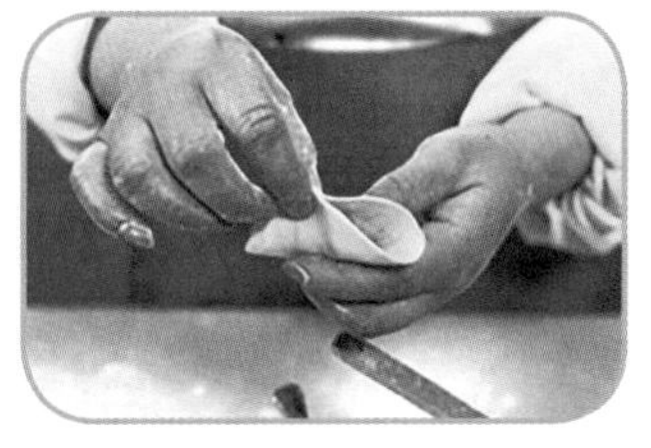
图 4.31　捏制 1

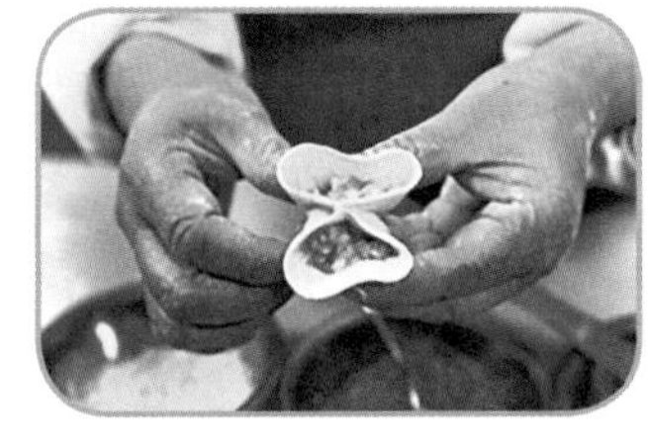
图 4.32　捏制 2

图 4.33　加装饰料

图 4.34　成熟

[学一学]

1）鸳鸯蒸饺的操作步骤

（1）拌制馅心

①将夹心肉糜放入盛器内，先加入盐、料酒、胡椒粉。

②逐渐掺入葱姜汁水搅拌，再加入糖和味精搅拌，最后加入麻油。

（2）制作装饰物

①将鸡蛋用水煮熟，取出用冷水冷却后切成小蓉。

②生胡萝卜用刀切成小蓉。

（3）调制面团

①面粉围成窝状，将冷水倒入面粉中间，用右手调拌面粉。

②把面粉先调成雪花状，再洒少许水调制，揉成较硬面团。

③左手压着面团的另一头，右手用力揉面团，把面团揉光洁。

④用湿布或保鲜膜盖好面团，饧 5 ~ 10 分钟。

（4）搓条、下剂

①两手把面团从中间往两头搓拉成长条形。

②左手握住剂条，右手捏住剂条的上面，右手用力摘下剂子。

③将面团摘成大小一致的剂子，每个剂子分量为 8 克。

（5）压剂、擀皮

①把右手放在剂子上方，剂子竖直往上，右手掌朝下压。

②右手掌朝下，用力压扁剂子。

③把擀面杖放在压扁的剂子中间，双手放在擀面杖的两边，上下转动擀面杖擀剂子成薄形皮子。

(6) 包馅、成形

①左手托起皮子，右手用馅挑把馅心放在皮子中间，馅心分量为 8 克。

②左右手配合，将包住馅心皮子捏成两只角，然后用右手将两只角对捏起，即成两个孔洞形状的饺子。

③在两个孔洞内加入蛋黄蓉、胡萝卜蓉。

(7) 作品成熟

将包完的鸳鸯蒸饺放在笼屉里，锅中的水烧沸后，才可以放入笼屉蒸。

2）鸳鸯饺的制作要领

①剂子分量要准确（大小一致）。

②皮子擀制要适中（厚薄均匀）。

③馅心务必要圆形（摆放居中）。

④核桃中线要居中（中间钳缝）。

⑤钳子深度要适中（花纹美观）。

3）鸳鸯饺的质量标准

①乳白呈半透明。

②大小一致，外形美观。

③皮坯软爽，馅心鲜嫩。

[想一想]

你知道吗？制作鸳鸯蒸饺需要用到：

设备：面案操作台、炉灶、锅、蒸笼等。

用具：电子秤、擀面杖、面刮板、馅挑、小碗等。

原料：面粉、夹心肉糜、胡萝卜、鸡蛋、葱、姜等。

调味料：盐、糖、味精、料酒、胡椒粉、麻油等。

[布置任务]

提问 1

鸳鸯蒸饺是用什么面团制作的？

提问 2

温水面团应采用怎样的调制工艺流程？

提问 3

鸳鸯蒸饺是用的何种成熟方法？

[小组讨论]

小组合作完成鸳鸯蒸饺制作任务，进行小组技能实操训练，共同完成教师布置的任务，在制作中尽可能符合岗位需求的质量要求。

1. 任务分配

①把学生分为 4 组，每组发 1 套馅心及制作的用具，学生把肉糜加入调味料拌成馅心。馅心口味应该是咸甜适中，有香味。

②发给每组学生 1 份蛋黄、胡萝卜等装饰原料。鸡蛋要求先煮熟，取出蛋黄再切成小粒；胡萝卜可以直接切成小粒用于鸳鸯蒸饺的装饰。

③每组发 1 套皮坯原料和制作工具，学生自己调制面团，经过搓条、下剂、压剂、擀皮、包馅、成形等几个步骤，包捏成鸳鸯蒸饺，大小一致。

④提供炉灶、锅、蒸笼、笼屉给学生，学生自己点燃煤气，调节火候。蒸熟饺子，品尝成品。蒸饺口味及形状符合要求，口感鲜嫩。

2. 操作条件

工作场地需要 1 间 30 平方米的实训室，设备需要炉灶 4 个，瓷盘 8 只，擀面杖、辅助工具各 8 套，工作服 15 套，原材料等。

3. 操作标准

鸳鸯蒸饺要求孔洞两边对称，形态美观，色泽鲜艳，口感鲜嫩。

4. 安全须知

鸳鸯蒸饺要蒸熟才能食用，成熟时小心火候及蒸汽烫伤手。

[技能测评]

被评价者：____________

训练项目	训练重点	评价标准	小组评价	教师评价
鸳鸯蒸饺制作	拌制馅心	拌制时按步骤操作，掌握调味品的加入量	Yes □ /No □	Yes □ /No □
	调制面团	调制面团时，符合规范操作，面团软硬适当	Yes □ /No □	Yes □ /No □
	搓条、下剂	手法正确，按照要求把握剂子的分量，每个剂子大小相同	Yes □ /No □	Yes □ /No □
	压剂、擀皮	压剂、擀皮方法正确，皮子大小均匀，中间厚，四边薄	Yes □ /No □	Yes □ /No □
	包馅、成形	馅心摆放居中，包捏手法正确，孔洞要对称	Yes □ /No □	Yes □ /No □
	作品成熟	成熟方法正确，皮子不破损，馅心符合口味标准	Yes □ /No □	Yes □ /No □

评价者：____________

日　期：____________

知识小贴士

成形时，皮子要对折均匀，动作要轻，两手用力要均匀，收口处面要捏住。

[练一练]

1. 鸳鸯蒸饺是两个孔洞的蒸饺，是否还可以包成 3 个孔洞、4 个孔洞的蒸饺？
2. 鸳鸯蒸饺除用蛋黄、胡萝卜两种原料作装饰外，还可以用其他原料作装饰吗？
3. 鸳鸯蒸饺的皮坯能否用低筋面粉制皮？
4. 每人回家练习擀制 20 张蒸饺皮。
5. 制作 12 只鸳鸯蒸饺。
6. 创意制作一款不同于鸳鸯蒸饺形态的蒸饺。

任务3　白兔饺制作

[任务描述]

白兔饺是一款象形点心，经常用在宴会上，其外形美观、皮坯透明、口感爽滑、制作难度高。白兔饺皮坯是用澄粉面团，馅心主要是虾仁。本任务学习白兔饺的制作方法。

[任务完成过程]

[看一看]

图 4.35　处理虾仁

图 4.36　拌馅

图 4.37　烫面

图 4.38　揉面

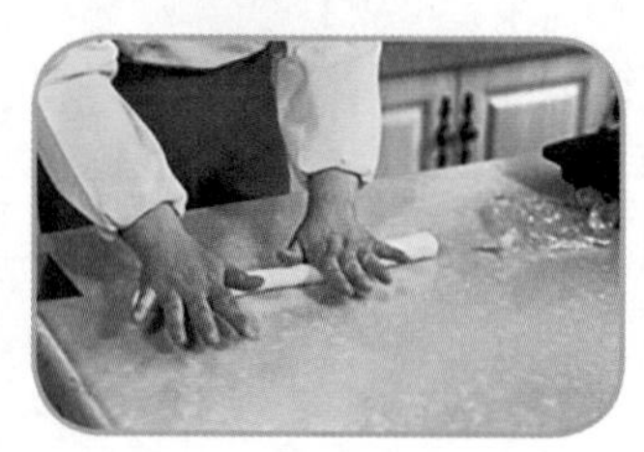

图 4.39　搓条

图 4.40　切剂

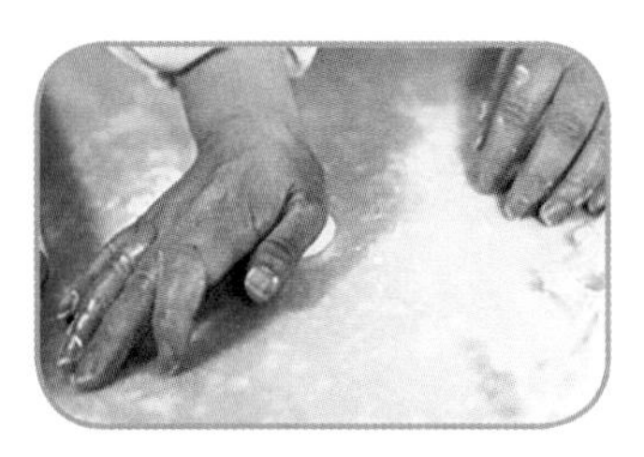

图 4.41 按剂

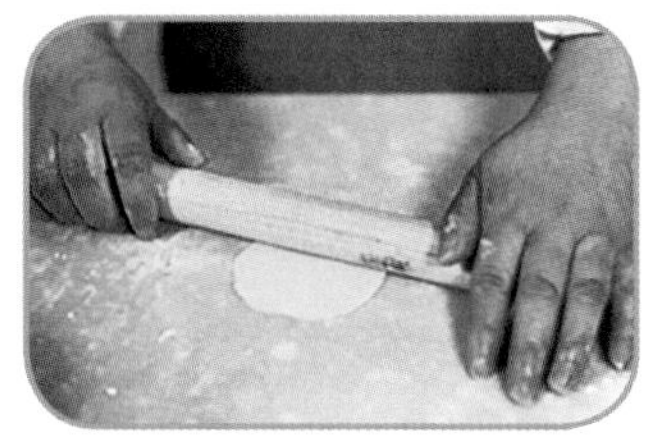

图 4.42 擀皮

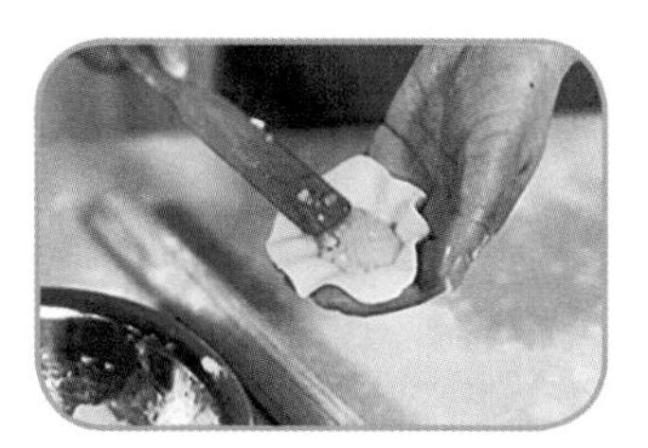

图 4.43 上馅

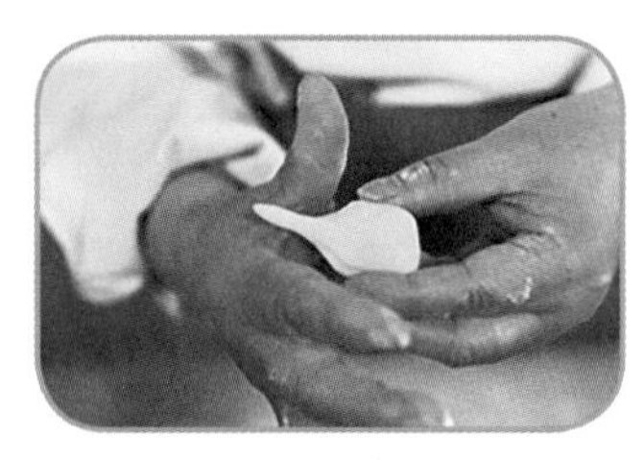

图 4.44 包捏 1

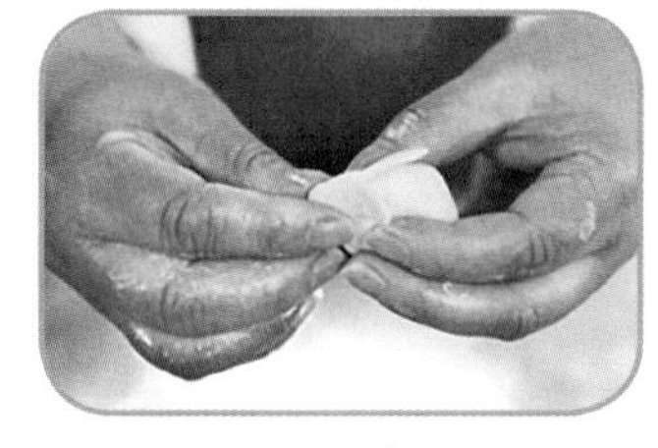

图 4.45 包捏 2

图 4.46 成熟

[学一学]

1）白兔饺的操作步骤

（1）拌制馅心

①将虾仁放入盛器内，加入少许盐及冷水浸泡 5 分钟，用清水洗干净，挤干水。

②肥膘、笋等料切成幼粒后，焯水；胡萝卜切成小粒。

③虾仁里加蛋清、胡椒粉、味精、盐、糖、生粉搅拌，再加入肥膘、笋等料及葱花、麻油拌均匀。

（2）调制面团

①澄粉 70 克、生粉 30 克放入汤碗里，将沸水倒入粉中间，用馅挑调拌粉。

②把搅拌均匀的粉团倒在干净的案板上，加入精制油 10 克，趁热揉透面团，用保鲜膜盖住。

（3）搓条、下剂

①两手把面团从中间往两头搓拉成长条形剂条。

②用面刮板切下剂子，每个剂子分量为 8 克。

（4）压剂、擀皮

①右手放在剂子上方，剂子竖直往上，右手掌朝下压，用力压扁剂子。

②双手放在擀面杖的两边，再把擀面杖放在压扁的剂子中间。

③双手上下转动擀面杖擀剂子成薄圆形皮子。

（5）包馅、成形

①左手托起皮子，右手用馅挑把馅心放在皮子中间，馅心分量为 10 克。

②左右手配合，将包住馅心皮子，一头稍许搓长，把它压扁并往后面对越过去，再用剪刀剪一刀成白兔的耳朵。

③用右手捏出嘴巴，并在两边粘上两粒胡萝卜粒成白兔的眼睛。

（6）作品成熟

锅中的水烧沸后，才可以放入笼屉蒸。

2）白兔饺的制作要领

①用沸水烫面，面团揉光洁。
②皮子圆整薄，馅心要居中。
③包捏要正确，形态要逼真。
④成熟蒸汽足，时间要把握。
⑤装饰需美观，熟后要抹油。

3）白兔饺的质量标准

①色泽洁白。
②形态逼真，大小均匀。
③皮薄透明，吃口鲜嫩。

[想一想]

你知道吗？制作白兔饺需要用到：
设备：面案操作台、炉灶、锅、蒸笼、笼屉等。
用具：电子秤、擀面杖、面刮板、馅挑、小碗、保鲜膜等。
原料：澄粉、生粉、虾仁、胡萝卜、肥膘、笋、葱、姜、蛋清等。
调味料：盐、糖、味精、胡椒粉、麻油等。

[布置任务]

提问 1

白兔饺是用什么面团制作的？

提问 2

澄粉面团应采用怎样的调制工艺流程？

提问 3

白兔饺是用的何种成熟方法？

[小组讨论]

小组合作完成白兔饺制作任务，进行小组技能实操训练，共同完成教师布置的任务，在制作中尽可能符合岗位需求的质量要求。

1. 任务分配

①将学生分为4组，每组发1套馅心及制作的用具，学生把虾仁加入调味料拌成馅心。馅心口味应该是咸淡适中，有香味。

②每组发1套皮坯原料和制作工具，学生自己调制面团，经过搓条、下剂、压剂、擀皮、包馅、成形等几个步骤，包捏成白兔形状的饺子，大小一致。

③提供炉灶、锅、手勺、漏勺给学生，学生自己点燃煤气，调节火候。蒸熟白兔饺，品尝成品。白兔饺口味及形状符合要求，皮子爽滑，馅心鲜嫩。

2. 操作条件

工作场地需要1间30平方米的实训室，设备需要炉灶4个，瓷盘8只，擀面杖、辅助工具各8套，工作服15套，原材料等。

3. 操作标准

白兔饺要求皮薄馅大、吃口鲜嫩、外形逼真。

4. 安全须知

白兔饺要蒸熟才能食用，成熟时小心火候及锅中的水烫伤手。

[技能测评]

被评价者：____________

训练项目	训练重点	评价标准	小组评价	教师评价
白兔饺制作	拌制馅心	拌制时按步骤操作，掌握调味品的加入量	Yes □ /No □	Yes □ /No □
	调制面团	调制面团时，符合规范操作，面团软硬适当	Yes □ /No □	Yes □ /No □
	搓条、下剂	手法正确，按照要求把握剂子的分量，每个剂子大小相同	Yes □ /No □	Yes □ /No □
	压剂、擀皮	压剂、擀皮方法正确，皮子大小均匀，四周厚薄均匀	Yes □ /No □	Yes □ /No □
	包馅、成形	馅心摆放居中，包捏手法正确，外形美观	Yes □ /No □	Yes □ /No □
	作品成熟	成熟方法正确，皮子不破损，馅心符合口味标准	Yes □ /No □	Yes □ /No □

评价者：____________

日　期：____________

[练一练]

1. 澄粉面团还可以制作哪些面点品种？
2. 白兔饺的馅心是否还可以用其他原料制作？
3. 澄粉面团能掺入其他原料一起调成面团制皮吗？
4. 白兔饺还可以做成哪些形态？
5. 每人回家制作20只白兔饺。
6. 创意制作一款不同于白兔形态的点心。

知识小贴士

在制作澄粉面团时，沸水要一次加入粉中，边加水边搅拌，动作要快。取出后要趁热将面团中的粉粒揉均匀，为了防止面团放置后干裂，需要在表面封上保鲜膜。

模块 5

面点成熟工艺

模块描述

✧ 成熟在面点制作中起着决定性作用。如果成熟方法恰当，不但可以体现生坯原有的制作特色，还能改进色泽、增加香味、改善滋味，使成品色、香、味、形俱佳。

模块目标

✧ 能了解面点成熟的相关知识。
✧ 能学会面点成熟的相关手法。
✧ 能熟悉面点成形的相关技巧。

模块内容

✧ 项目 1　成熟方法的分类
✧ 项目 2　成熟方法的运用

项目 1　成熟方法的分类

[学习目标]

【知识目标】

1. 了解“蒸、煮、烤”成熟工艺。
2. 了解“煎、烙、炸”成熟工艺。
3. 了解其他成熟工艺。

【能力目标】

1. 能熟练运用面点制作常用成熟方法。
2. 能按面点制作的要求合理地选择成熟方法。
3. 能按面点制作的特点合理选用复合成熟方法。

任务 1　蒸、煮、烤成熟工艺

[任务描述]

首先老师播放几种面点制作中常用的成熟方法视频，然后讲解面点常用的成熟方法，再把学生分成 4 个小组，让每组学生任选一种成形方法，讲出使用要求，通过本任务的学习，学生能熟练掌握面点制作中常用成熟方法和要求。

[任务完成过程]

[看一看]

图 5.1　蒸

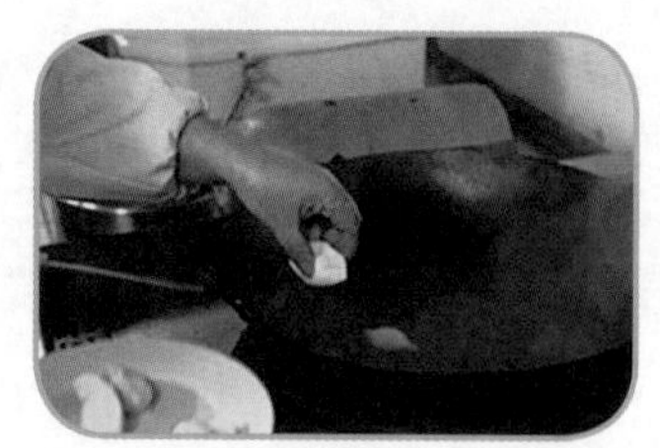

图 5.2　煮

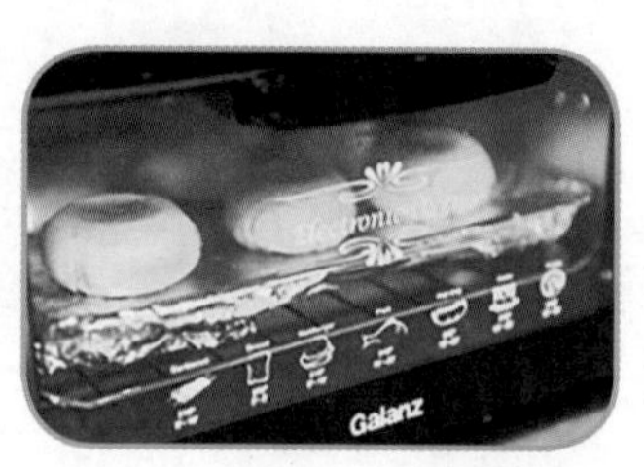

图 5.3　烤

[学一学]

你知道吗？成熟在面点制作中起着决定性作用。如果成熟方法恰当，不但可以体现生坯原有的制作特色，还能改进色泽、增加香味、改善滋味，使成品色、香、味、形俱佳。

知识小贴士

调制粉浆，厚薄均匀恰当。掌握成熟的蒸汽大小及时间的长短。成形符合卫生要求。

[导入知识 1]

蒸

蒸就是将成形的生坯放在笼屉内，利用蒸汽的热对流使生坯成熟。蒸主要适合于水调面主坯、膨松面主坯、米粉面主坯及其他面主坯等制品的熟制，如烫面蒸饺、馒头、花卷、糕类、米团类制品等。成品具有形态美观，馅心鲜嫩，口感松软，易被人体消化和吸收等特点。

知识小贴士

蒸的技术要点

1. 蒸锅内水量以八成满为宜。水量少，产气不足；水太满，沸腾时会外溢，这都将影响成品的质量。

2. 掌握坯料熟制数量。熟制数量是指一次蒸制坯料的数量。如一次熟制数量太多，水锅蒸汽热量与压力不足，将严重影响成品质量。

3. 掌握蒸制时间。由于熟制对象不同，蒸制时间的长短也不相同，应区别对待。

4. 连续蒸制时，应经常换水，使水锅内水质清洁，以保证成品质量。

[导入知识 2]

煮

煮是将成形的生坯投入水锅内，利用水受热后产生的温度对流，使生坯成熟，主要适合于水调面主坯、米粉面主坯制品的熟制，如面条、水饺、汤团、粥等。煮制法的加热温度在100 ℃或100 ℃以下，成品具有爽滑、韧性强、有汤液等特点。

知识小贴士

煮的技术要点

1. 煮锅内水量必须充足，一般要比生坯多出几倍。
2. 要根据品种的特点掌握加水的次数及煮制时间。
3. 连续煮制时，要注意适时加水、换水。
4. 生坯下锅时，要边下生坯边用手勺轻轻沿锅边顺底推动水，使生坯不致互相粘连。
5. 捞取成品时，动作要轻，以免碰破成品。

[导入知识 3]

烤

烤是用各种烘烤炉内产生的温度，通过辐射、传导和对流 3 种热能传递方式，使生坯成熟的方法，可以分为明火烘烤和电热烘烤两种。明火烘烤是利用煤或炭的燃烧而产生的热能使生坯成熟的方法；电热烘烤是以电为能源，通过红外线辐射使生坯成熟的方法。

知识小贴士

烤的技术要点

1. 有效地运用火候，控制炉温。烘烤的温度来自火的温度，明火的温度与炉体的通风、鼓风等有密切关系。不同的品种需要用不同的温度来烘烤，就是同一种品种，在熟制过程中，也应用不同的火力，一般有旺火、中火、小火、微火之分；还有面火和底火之别。只有运用好火候，才能有效控制炉温，保证熟制质量。

2. 掌握成熟时间，及时出炉。

[想一想]

蒸：隔水蒸对流用小锅蒸汽成熟馒头、包子；
　　气锅蒸对流用锅炉蒸汽成熟馒头、包子。
煮：出汤煮对流用大水量成熟水饺、汤团、馄饨；
　　带汤煮对流用少水量成熟西米奶露、粽子、花色面。
烘烤：明火烘烤辐射用火馅成熟烧饼、炉饼。

[布置任务]

提问 1

中式面点制作成熟方法可以分为哪几种？

提问 2

请列举用“蒸、煮、烤”成熟方法制作的点心各一款。

[小组讨论]

把班级分成 4 组，每组根据教师给出的问题展开讨论，参照刚学的知识，也可以查阅相关资料，小组合作完成教师布置的任务。每组推荐 1 名学生代表介绍本小组的讨论结果，与全班学生一起分享任务完成情况，促进小组间的相互交流和提高。

任务完成情况评价表

组别：　　　　　　　　　　　　　　　　　　　　学生姓名：

序号	考核点	学生本人评价	组长评价	教师评价
1	学习态度与纪律			
2	参与讨论的能力			
3	学习积极性与主动性			
4	问题回答的准确性			
5	团队合作能力			

[练一练]

1. 蒸的成熟方法有哪些技术要点？
2. 煮的成熟方法有哪些技术要点？
3. 烤的成熟方法有哪些技术要点？
4. 蒸、煮、烤各适用于哪些面点品种？

任务 2　煎、烙、炸成熟工艺

[任务描述]

首先老师播放几种面点制作中常用的成熟方法视频，然后进一步讲解面点常用的成熟方法，再把学生分成 4 个小组，让每组学生任选一种成形方法，讲出使用要求，通过本任务的学习，学生能熟练掌握面点制作中常用的成熟方法和要求。

[任务完成过程]

[看一看]

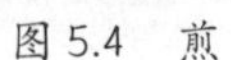

图 5.4　煎

图 5.5　烙

图 5.6　炸

[学一学]

[导入知识 1]

煎

煎是指用锅把少量的油加热，再把食物放进去，使其熟透。表面会稍呈金黄色乃至微煳。由于加热后，煮食油的温度比用水煮的温度高，因此煎食物往往需时较短。煎出来的食物味道也会比水煮的甘香可口。

知识小贴士

煎的技术要点

1. 注意煎制的油量，温油下锅。
2. 煎制时注意掌握产品翻动的时间。
3. 煎制时注意火候，中火煎以防产品内部不熟。

[导入知识 2]

烙

烙就是通过金属受热后的热传导作用使生坯成熟的方法，其热量来自受热后的锅体。烙制时，将生坯置于平底锅内，架于火上，使生坯成熟。烙可分为干烙和水烙两种。

知识小贴士

烙的技术要点

1. 锅要清洁干净。
2. 锅烧热后才将产品放入锅内。
3. 为防止制品黏于锅中，可适当刷油。
4. 水烙时注意水是倒在锅四周，不能直接倒在产品中。

[导入知识 3]

炸

炸就是将成形的生坯放于一定温度的油锅内，用油脂作为热传递介质，利用油脂的热对流使生坯成熟。根据油温所具有的特点，油温一般可达到 200 ℃左右，主要适合于油酥面主坯、膨松面主坯、米粉面主坯及其他面主坯制品，如酥盒子、油条、麻花、排叉、麻团等。炸制品具有外脆里酥、松发、膨胀、香脆的特点。

知识小贴士

炸的技术要点

1. 炸时油量要充分，要使制品有充分的活动余地。用油量一般是生坯的十几倍或几十倍。

2. 要注意保持油质的清洁。油质太脏，既影响成品的色泽也危害人体健康。

3. 要根据成品的特点选择适当的油温。油温高，成品易上色，炸制时间较短，成品质感外脆里嫩；油温低，炸制时间稍长，成品质感松脆、酥香。

4. 要根据制品的需要控制炸制时间。

[想一想]

煎：油煎传导用少量油成熟煎锅饼、家常饼；
水油煎传导、对流用少量油、水成熟锅贴、生煎馒头。
炸：炸对流用大油量高油温成熟油条、春卷等。
烙：干烙传导用金属热传导成熟春饼、薄饼；
水烙对流、传导用金属及水蒸汽成熟米饭饼。

[布置任务]

提问 1

中式面点制作成熟方法可以分为哪几种？

提问 2

请列举用“煎、烙、炸”成熟方法制作的点心各一款。

[小组讨论]

把班级分成 4 组，每组根据教师给出的问题展开讨论，参照刚学的知识，也可以查阅相关资料，小组合作完成教师布置的任务。每组推荐 1 名学生代表介绍本小组的讨论结果，与全班学生一起分享任务完成的情况，促进小组间的相互交流和提高。

任务完成情况评价表

组别：　　　　　　　　　　　　　　　　　　　　　　　　　　　学生姓名：

序号	考核点	学生本人评价	组长评价	教师评价
1	学习态度与纪律			
2	参与讨论的能力			
3	学习积极性与主动性			
4	问题回答的准确性			
5	团队合作能力			

[练一练]

1. 烙制成熟法分哪几类?
2. 煎制成熟法分哪几类?
3. 煎制成熟方法适合哪些点心品种?
4. 炸制成熟方法有哪些技术要点?

项目 2　成熟方法的运用

[学习目标]

【知识目标】

1. 了解用“蒸、煮、烤”成熟工艺制作面点。
2. 了解用“煎、烙、炸”成熟工艺制作面点。

【能力目标】

1. 能运用“蒸、煮、烤”成熟方法对面点进行成熟。
2. 能运用“煎、烙、炸”成熟方法对面点进行成熟。

任务 1　杏仁白玉制作

[任务描述]

杏仁白玉是夏季食用的凉甜品，它的名称也叫杏仁豆腐，主要是由杏仁粉、牛奶、明胶粉制作的甜品类点心，口感香甜、滑爽，营养价值丰富，本任务学做杏仁白玉。

[任务完成过程]

[看一看]

图 5.7　原料准备

图 5.8　明胶加水

图 5.9　煮牛奶

图 5.10　过滤奶沫

图 5.11　熬制糖油

图 5.12　装入模具

图 5.13　冷藏

[学一学]

1）杏仁白玉的操作步骤

（1）制作前准备

①明胶粉 5 克、杏仁粉 25 克、牛奶 120 克、白糖 100 克。

②明胶粉用冷水调稀，杏仁粉用温水调稀。

③牛奶放入锅中烧沸，倒入杏仁粉、明胶粉水等，再烧沸。

④用消毒过的筛子，过滤牛奶沫，稍冷却后分别倒入高脚杯里，再放入冰箱冷藏 20 分钟左右成杏仁豆腐。

（2）成熟

①两手把面团从中间往两头搓拉成长条形。

②握住剂条，左手捏住剂条的上面，右手用力摘下剂子。

③面团摘成大小一致的剂子，每个剂子分量为 35 克。

（3）成形

①杏仁豆腐待凝固后取出用小刀划成菱形。

②倒入冷藏后的糖油，用红樱桃装饰即可。

2）杏仁白玉的制作要领

①投料比例要恰当，糖水浓度要适中。
②明胶粉用冷水浸，杏仁粉用温水稀。
③牛奶杏仁水过滤，盛器要干净卫生。
④糖水浓度要过重，杏仁糖油须冷藏。

3）杏仁白玉的质量标准

①色泽洁白。
②菱形、美观。
③香、甜、软，吃口滑爽。

[想一想]

你知道吗？制作杏仁白玉需要用到：
设备：面案操作台、炉灶、冰箱等。
用具：电子秤、锅、手勺、高脚杯、小碗、小刀等。
原料：明胶粉、牛奶、杏仁粉等。
调味料：白糖、红樱桃等。

[布置任务]

提问 1

杏仁白玉属于什么类点心？

提问 2

杏仁白玉制作的工艺流程是什么？

提问 3

杏仁白玉是用的何种成熟方法？

[小组讨论]

小组合作完成杏仁白玉制作任务，进行小组技能实操训练，共同完成教师布置的任务，在制作中尽可能符合岗位需求的质量要求。

1. 任务分配

①把学生分为 4 组，每组发 1 套制作的用具，学生把牛奶放入锅中烧沸，倒入杏仁粉、明胶粉水等，再烧沸，用消毒过的筛子过滤牛奶沫，稍冷却后分别倒入高脚杯里，再放入冰箱冷藏 20 分钟左右成杏仁豆腐。

②每组发 1 套原料和制作工具，学生自己制作，经过操作前的准备、成熟、成形等几个步骤，制成杏仁豆腐。

③提供炉灶、锅、手勺给学生，学生自己点燃煤气，调节火候。成熟杏仁豆腐，冷却后

品尝成品。杏仁豆腐口味及形状符合要求，香、甜、软，吃口滑爽。

2. 操作条件

工作场地需要 1 间 30 平方米的实训室，设备需要炉灶、锅，辅助工具各 4 套，工作服 15 套，原材料等。

3. 操作标准

口感软滑，有杏仁清香，装饰美观。

4. 安全须知

操作符合卫生，成熟注意安全。

[技能测评]

被评价者：____________

训练项目	训练重点	评价标准	小组评价	教师评价
杏仁白玉制作	制作前准备	原料准备充足，用具备齐	Yes □ /No □	Yes □ /No □
	成熟	操作流程清晰，成熟工序规范	Yes □ /No □	Yes □ /No □
	成形	按要求成形，讲究卫生	Yes □ /No □	Yes □ /No □

评价者：____________

日　期：____________

[练一练]

1. 甜品点心还有哪些品种？
2. 糖油熬制的关键是什么？
3. 每人回家制作一盘杏仁白玉。
4. 创意制作一款不同于杏仁白玉的甜品点心。

知识小贴士

制作杏仁白玉要注意配方比例，明胶需要在水中泡软后使用，由于是先成熟再成形的品种，因此务必要注意成形和存放的卫生。

任务 2　虾肉锅贴制作

[任务描述]

虾肉锅贴是早餐及酒席上常提供的点心，也是江、浙、沪一带老百姓喜食的中式点心。虾肉锅贴口感香鲜，外形美观，尤其是锅贴的皮子经过成熟后，底部香脆，十分可口诱人。锅贴要做得好吃，煎的技巧须十分讲究。本任务学做虾肉锅贴。

[任务完成过程]

[看一看]

图 5.14　拌馅

图 5.15　加入虾仁

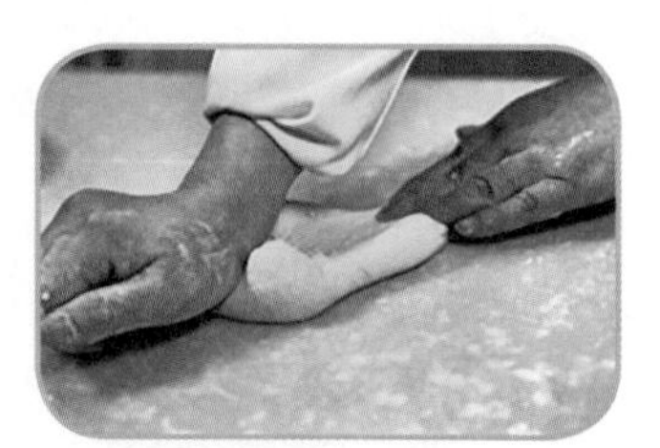
图 5.16　揉面

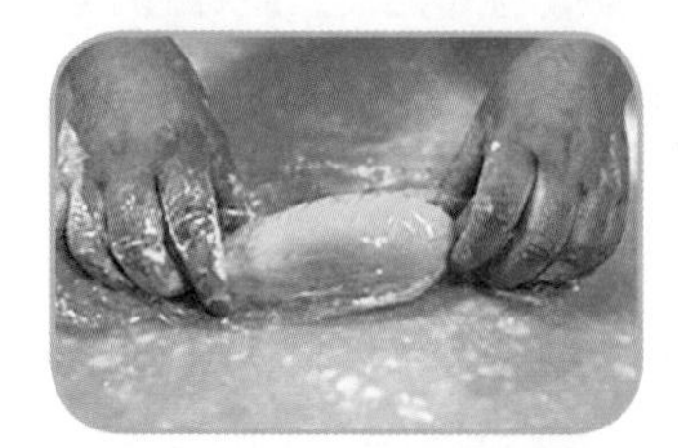
图 5.17　饧面

图 5.18　搓条

图 5.19　下剂

图 5.20　按剂

图 5.21　擀皮

图 5.22　上馅

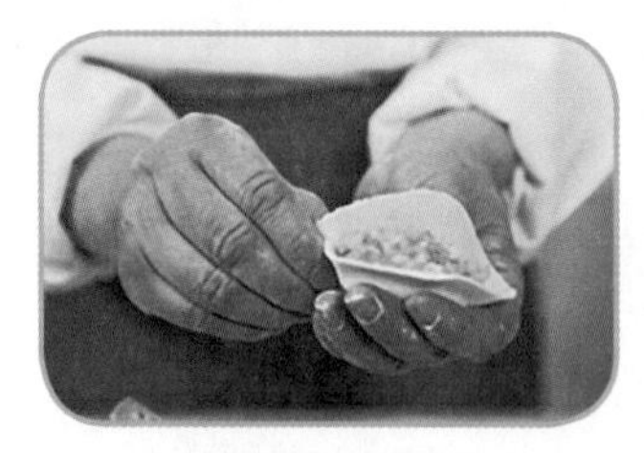
图 5.23　包捏

图 5.24　成熟

[学一学]

1) 虾肉锅贴的操作步骤

(1) 拌制虾仁馅心

①将肉糜放入盛器内，先加入盐、料酒、胡椒粉。

②逐渐掺入葱姜汁水搅拌，再加入糖和味精搅拌，最后加入麻油。

③虾仁加盐处理洗干净，挤干水，拌入调完味的肉馅里。

（2）调制面团

①面粉围成窝状，将冷水倒入面粉中间，用右手调拌面粉。

②把面粉先调成雪花状，再洒少许水调制，揉成较硬面团。

③左手压着面团的另一头，右手用力揉面团，把面团揉光洁。

④用湿布或保鲜膜盖好面团，饧 5 ~ 10 分钟。

（3）搓条、下剂

①两手把面团从中间往两头搓拉成长条形。

②左手握住剂条，右手捏住剂条的上面，右手用力摘下剂子。

③将面团摘成大小一致的剂子，每个剂子分量为 8 克。

（4）压剂、擀皮

①把右手放在剂子上方。剂子竖直往上，右手掌朝下压。

②右手掌朝下，用力压扁剂子。

③把擀面杖放在压扁的剂子中间，双手放在擀面杖的两边，上下转动擀面杖擀剂子成薄形皮子。

（5）包馅、成形

①用左手托起皮子，右手用馅挑把馅心放在皮子中间，每个馅心分量为 18 克。

②左手慢慢拢上皮子包住馅心，后面的皮子要超过前面的皮子，再用右手的食指及大拇指在后面打出皱纹。

（6）作品成熟

①平底锅放在炉灶上，里面加入少许精制油烧热，把生锅贴整齐放在中间。

②稍许煎一下，再加入水，加盖开中火烧干，打开锅盖再加入少许精制油，开中火煎黄锅贴底部。

2）虾肉锅贴的制作要领

①拌制虾肉馅以防腥，馅心口味要鲜香嫩。

②用 80 ~ 100 ℃热水，调制面团速度要快。

③皮子中间厚四边薄，擀制皮子干粉要少。

④馅心多摆放要居中，包捏手法用推捏法。

3）虾肉锅贴的质量标准

①色泽乳白呈半透明。

②大小一致，花纹均匀。

③皮坯软糯，馅心鲜香。

[想一想]

你知道吗？制作虾肉锅贴需要用到：
设备：面案操作台、炉灶、平底锅、铲板等。
用具：电子秤、擀面杖、面刮板、馅挑、小碗等。
原料：面粉、肉糜、虾仁、葱、姜等。
调味料：盐、料酒、胡椒粉、糖、味精、麻油、精制油等。

[布置任务]

提问 1

虾肉锅贴是用什么面团制作的？

提问 2

虾肉锅贴是采用的何种成熟方法？

提问 3

虾肉锅贴怎样加工馅心？

[小组讨论]

小组合作完成虾肉锅贴制作任务，进行小组技能实操训练，共同完成教师布置的任务，在制作中尽可能符合岗位需求的质量要求。

1. 任务分配

①把学生分为 4 组，每组发 1 套馅心及制作用具，学生把肉糜、虾仁加入调味料拌制成馅心。馅心口味应该是咸鲜味，吃口鲜嫩。

②每组发1套皮坯原料和制作工具，学生自己调制面团，经过搓条、下剂、压剂、擀皮、包馅、成形等几个步骤，包捏成虾肉锅贴，大小一致，形态美观。

③提供炉灶、平底锅、铲板给学生，学生自己点燃煤气，调节火候。煎熟锅贴，品尝成品。锅贴口味及形状符合要求，口感鲜嫩、皮坯香脆。

2. 操作条件

工作场地需要 1 间 30 平方米的实训室，设备需要炉灶 4 个，瓷盘 8 只，擀面杖、辅助工具各 8 套，工作服 15 套，原材料等。

3. 操作标准

虾肉锅贴要求皮子擀制时中间厚四边薄，花纹均匀，包捏美观，口感鲜香。

4. 安全须知

锅贴要煎熟才能食用，成熟时小心火候及油烫伤手。

[技能测评]

被评价者：____________

训练项目	训练重点	评价标准	小组评价	教师评价
虾肉锅贴制作	拌制虾仁馅心	拌制时按步骤操作，掌握调味品的加入量	Yes □ /No □	Yes □ /No □
	调制面团	调制面团时，符合规范操作，面团软硬适当	Yes □ /No □	Yes □ /No □
	搓条、下剂	手法正确，按照要求把握剂子的分量，每个剂子大小相同	Yes □ /No □	Yes □ /No □
	压剂、擀皮	压剂、擀皮方法正确，皮子大小均匀，中间厚，四边薄	Yes □ /No □	Yes □ /No □
	包馅、成形	馅心摆放居中，包捏手法正确，外形美观	Yes □ /No □	Yes □ /No □
	作品成熟	成熟方法正确，皮子不破损，馅心符合口味标准	Yes □ /No □	Yes □ /No □

评价者：____________

日　期：____________

[练一练]

1. 锅贴除用虾肉馅外，还可以用其他原料制作馅心吗？
2. 锅贴面团可以用冷水调制吗？
3. 虾肉锅贴的皮坯能否用低筋面粉制皮？
4. 每人回家练习擀制 20 张锅贴皮。
5. 制作 12 只虾肉锅贴。
6. 创意制作一款不同于虾肉馅心口味的锅贴品种。

知识小贴士

1. 煎锅贴时锅要洗干净，锅烧热后再放入油。
2. 火候不宜太大，掌握煎锅贴时间。小心油沾到手上被烫伤。

任务3　萝卜丝酥饼制作

[任务描述]

春秋两季是萝卜上市最新鲜的时令原料，萝卜也是中式点心制作中常用来做馅的原料。萝卜丝酥饼不但口味鲜香，而且营养价值高，有润肺清火的药用价值，本任务学做萝卜丝酥饼。

[任务完成过程]

[看一看]

图 5.25 腌制萝卜丝

图 5.26 拌馅

图 5.27 和水油面

图 5.28 擦油酥

图 5.29 包油酥

图 5.30 擀油酥

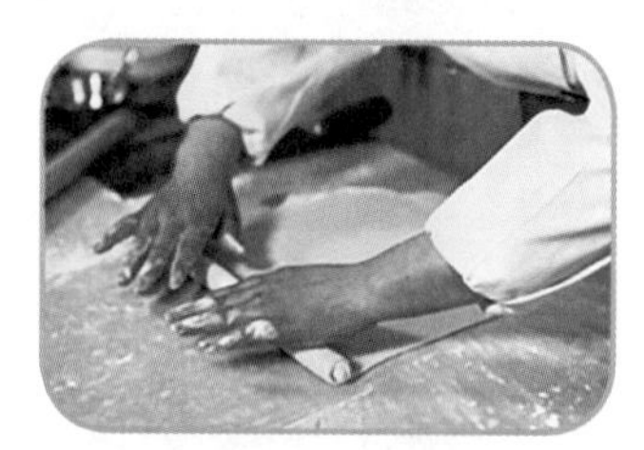

图 5.31 卷油酥

图 5.32 切剂子

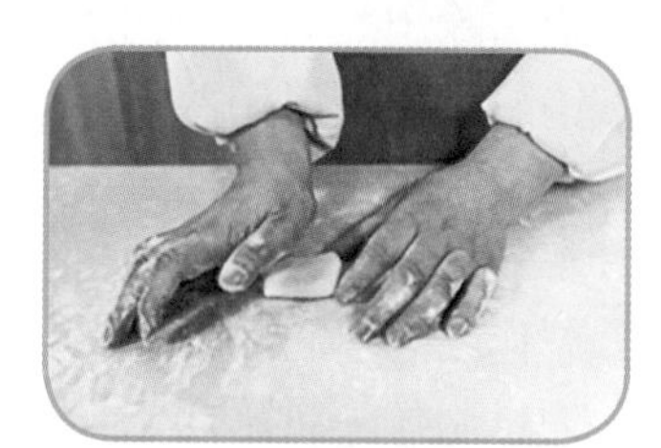

图 5.33 按剂

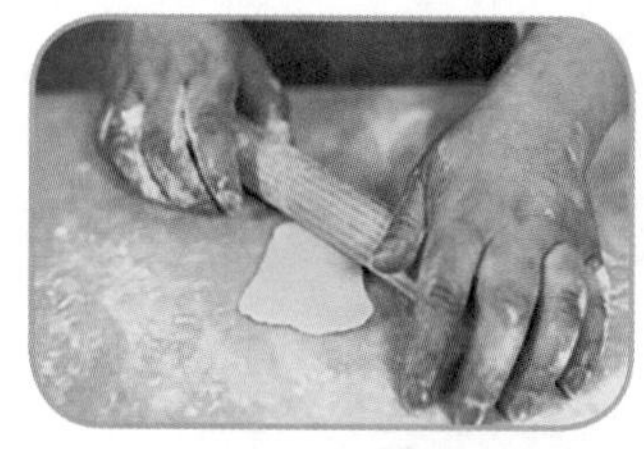

图 5.34 擀皮

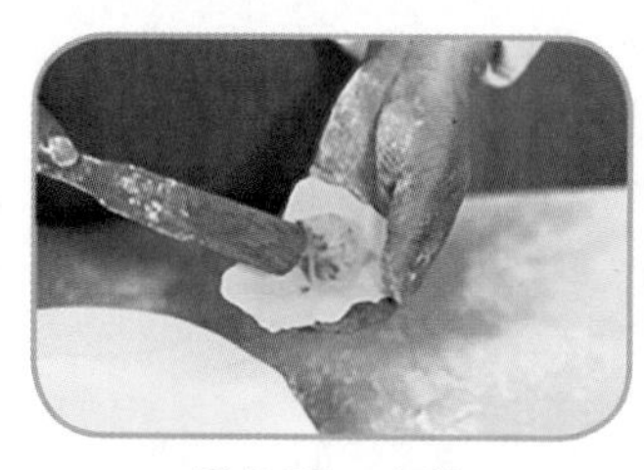

图 5.35 上馅

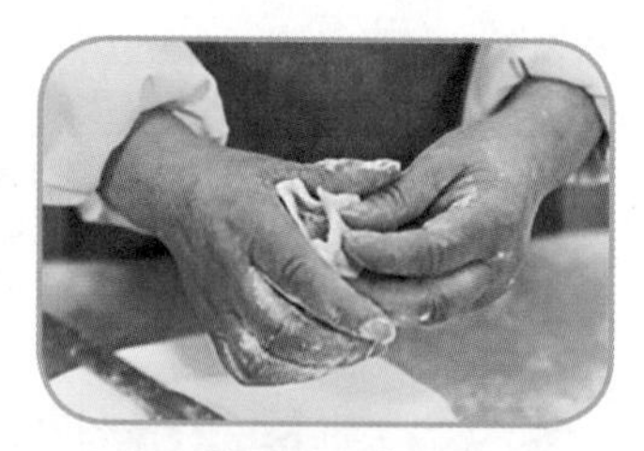

图 5.36 包捏

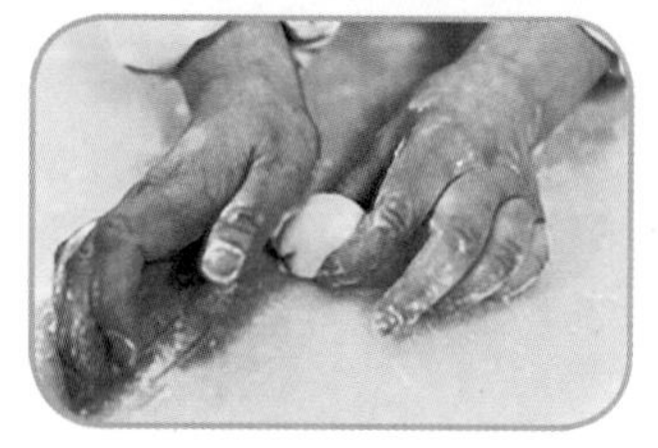

图 5.37 按压

图 5.38 炸制

图 5.39 成熟

[学一学]

1）萝卜丝酥饼的操作步骤

（1）拌制馅心

①将萝卜用刨子刨成丝放入盛器内，先加入少许盐腌制 5 分钟取出挤干水。

②把猪油用刀切成幼粒；火腿切成幼粒；葱切成葱花。

③把腌制过的萝卜丝，猪油粒，火腿粒一起放入汤碗中，加入盐、糖、味精、花椒粉搅拌，再加入葱花搅拌，最后加入麻油。

（2）调制面团

①面粉 100 克围成窝状，猪油 15 克放入粉中间，温水约 50 克再掺入面粉中间，用右手调拌面粉。

②把面粉调成雪花状，洒少许水，揉成较软的水油面团；醒面 5 ~ 10 分钟。

③面粉 60 克围成窝状，猪油 30 克放入面粉中间，用右手调拌面粉，搓擦成干油酥面团。

（3）擀制层酥

①水油面压成圆扁形的皮坯，中间包入干油酥面团。

②把包入干油酥的面坯，再用右手轻轻地压扁，用擀面杖从中间往左右两边擀，擀成长方形薄面皮。

③先将薄面皮由两头往中间一折三，再用擀面杖把面坯擀开成长方形面皮，然后把面皮由外往里卷成长条形的圆筒剂条。

（4）搓条、下剂

①用刀在剂条的中间切开。

②再切下小剂子，每个剂子分量为 25 克。

（5）压剂、擀皮

①右手放在剂子上方，手掌朝下，压住剂子。

②右手掌朝下，用力压扁剂子。

③把擀面杖放在压扁的剂子中间，双手放在擀面杖两边。

④擀面杖要按照酥层的直线擀制，擀成薄形皮子。

（6）包馅、成形

①左手托起皮子，右手挑馅。

②将皮子包住馅心。

③包成圆形，再用右手压成椭圆形的饼，在收口处涂上蛋清沾点白芝麻。

（7）作品成熟

①把包完的萝卜丝酥饼放在约 130 ℃的油温里，用小火慢慢氽炸。

②待萝卜丝酥饼浮在油锅表面时，转中火炸，边炸边用手勺推转，表面呈象牙色取出。

2）萝卜丝酥饼的制作要领

①油面与油酥比例恰当，油面、油酥揉光洁。

②擀制层酥用力要均匀，擀制时要少撒干粉。

③皮子擀制掌握厚薄度，馅心多摆放要居中。

④成熟油温火候要把握，酥饼炸制不能含油。

3）萝卜丝酥饼的质量标准

①色泽象牙色。
②形态饱满，大小均匀。
③皮酥馅大，吃口香鲜。

[想一想]

你知道吗？制作萝卜丝酥饼需要用到：
设备：面案操作台、炉灶、锅、手勺、漏勺等。
用具：电子秤、擀面杖、面刮板、馅挑、汤碗、小碗等。
原料：面粉、白萝卜、猪油、火腿、葱等。
调味料：盐、糖、味精、精制油、花椒粉、麻油等。

[布置任务]

提问 1

萝卜丝酥饼是什么面团制作的？

提问 2

油酥面团应采用怎样的调制工艺流程？

提问 3

萝卜丝酥是用的何种成熟方法？

[小组讨论]

小组合作完成萝卜丝酥饼制作任务，进行小组技能实操训练，共同完成教师布置的任务，在制作中尽可能符合岗位需求的质量要求。

1. 任务分配

①把学生分为4组，每组发1套馅心及制作的用具，学生把萝卜丝加入调味料拌成馅心。馅心口味应该是咸鲜适中，有萝卜香味。

②每组发1套皮坯原料和制作工具，学生自己调制面团，经过调制面团、擀制酥层、搓条、下剂、压剂、擀皮、包馅、成形等几个步骤，包捏成椭圆形的酥饼，大小一致。

③提供炉灶、锅、手勺、漏勺给学生，学生自己点燃煤气，调节火候。炸熟萝卜丝酥饼，品尝成品。酥饼口味及形状符合要求，口感鲜香。

2. 操作条件

工作场地需要1间30平方米的实训室，设备需要炉灶4个，锅4个，手勺、漏勺各4副，擀面杖、辅助工具各8套，工作服15套，原材料等。

3. 操作标准

萝卜丝酥饼要求皮坯酥松，口感香鲜，外形不破损。

4. 安全须知

萝卜丝酥饼要炸熟才能食用，成熟时小心被油烫伤手。

[技能测评]

被评价者：____________________

训练项目	训练重点	评价标准	小组评价	教师评价
萝卜丝酥饼制作	拌制馅心	拌制时按步骤操作，掌握调味品的加入量	Yes □ /No □	Yes □ /No □
	调制面团	调制面团时，符合规范操作，面团软硬适当	Yes □ /No □	Yes □ /No □
	擀制层酥	压面坯时注意用力的轻重。擀面坯时用力要均匀，少撒干粉	Yes □ /No □	Yes □ /No □
	搓条、下剂	手法正确，按照要求把握剂子的分量，每个剂子要求大小相同	Yes □ /No □	Yes □ /No □
	压剂、擀皮	压剂、擀皮方法正确，皮子大小均匀，中间厚，四边薄	Yes □ /No □	Yes □ /No □
	包馅、成形	馅心摆放居中，包捏手法正确，外形美观	Yes □ /No □	Yes □ /No □
	作品成熟	成熟方法正确，皮子不破损，馅心符合口味标准	Yes □ /No □	Yes □ /No □

评价者：____________________

日　期：____________________

[练一练]

1. 油酥面团还可以制作哪些明酥点心？
2. 萝卜丝酥饼的馅心是否还可以用其他原料代替制作？
3. 明酥点心还可以做成哪些形态？
4. 每人回家制作 10 只萝卜丝酥饼。
5. 创意制作一款不同于萝卜丝酥饼形的酥饼。

知识小贴士

1. 切剂时右手用力不能过大，左右手的位置不要搞错。

2. 按剂时有酥层的一面朝下放，压无酥层的一面，用力轻重要一致；手掌朝下把握用力轻重，不要用手指压剂子。

3. 擀皮时注意酥层，用力要轻，擀面杖不要压伤手，皮子要中间稍厚，四边稍薄。

任务 4　小鸡酥制作

[任务描述]

小鸡酥，是一款象形点心，经常用在宴会上。小鸡酥外形像小鸡，皮坯松脆，口味香甜。属于油酥面团类点心，馅心主要是甜味馅，如豆沙、莲蓉等馅心。小鸡酥制作体现了较深的包、捏、剪基本功，本任务学做小鸡酥。

[任务完成过程]

[看一看]

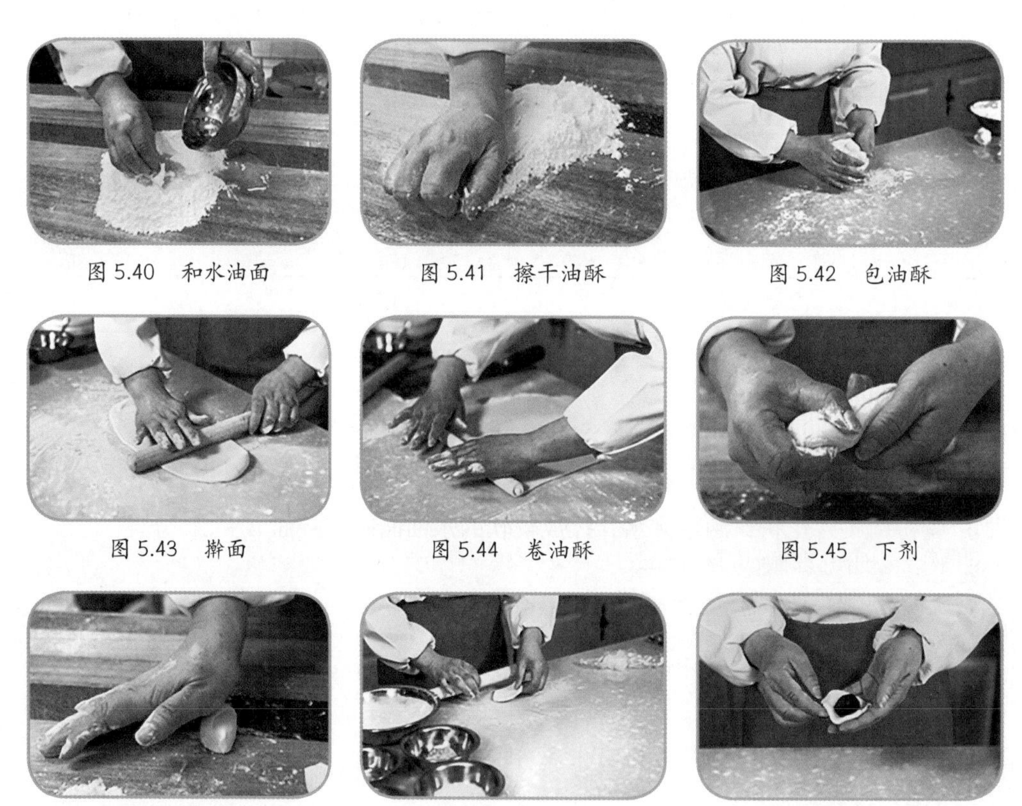

图 5.40　和水油面　　图 5.41　擦干油酥　　图 5.42　包油酥

图 5.43　擀面　　图 5.44　卷油酥　　图 5.45　下剂

图 5.46　按剂　　图 5.47　擀皮　　图 5.48　上馅

图 5.49　包捏

图 5.50　搓圆

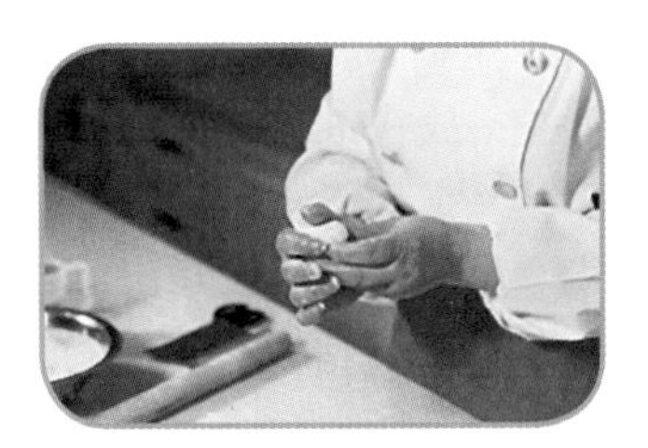

图 5.51　捏出头部

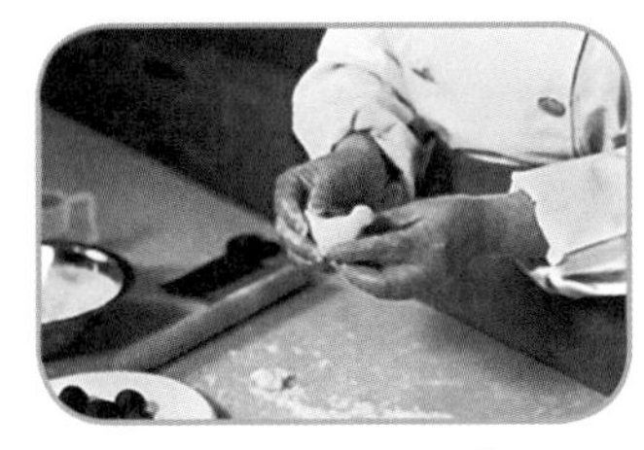

图 5.52　捏出尾部

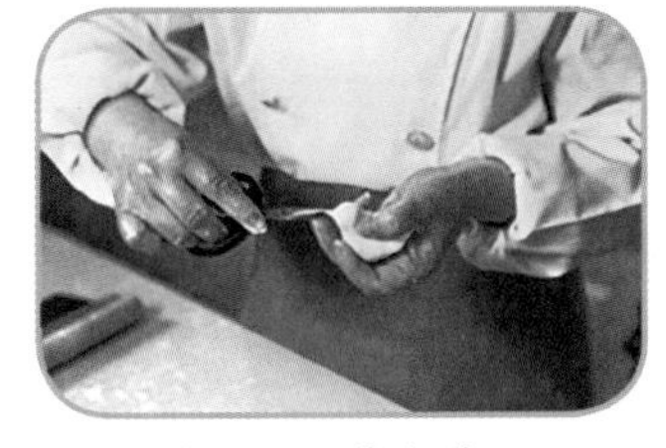

图 5.53　剪出嘴巴

图 5.54　贴上眼睛

图 5.55　送入烤箱

图 5.56　烘烤成熟

[学一学]

1）小鸡酥的操作步骤

（1）调制面团

①面粉 100 克围成窝状，猪油 15 克放入粉中间，温水约 50 克再掺入面粉中间，用右手调拌面粉。

②把面粉调成雪花状，洒少许水，揉成较软的水油面团，醒面 5 ~ 10 分钟。

③面粉 60 克围成窝状，猪油 30 克放入粉中间，用右手调拌面粉，搓擦成干油酥面团。

（2）擀制层酥

①水油面压成圆扁形皮坯，中间包入干油酥面团。

②把包入干油酥的面坯，再用右手轻轻地压扁，用擀面杖从中间往左右两边擀，擀成长方形薄面皮。

③将薄面皮由两头往中间一折三，然后用擀面杖把面坯擀开成长方形面皮，最后把面皮由外往里卷成长条形的圆筒剂条。

（3）搓条、下剂

①左手握住剂条，右手捏住剂条上端。

②右手用力摘下剂子。

③将面团摘成大小一致的剂子，每个剂子分量为 25 克。

(4) 压剂、擀皮

①右手放在剂子上方，手掌朝下，压住剂子。
②右手掌朝下，用力压扁剂子。
③左手拿住剂子，右手拿擀面杖，转动擀面杖将剂子擀成薄形皮子。

(5) 包馅、成形

①用右手托起皮子，左手把馅心放在皮子中间。
②左右手配合，将皮子收起。
③将皮子包住馅心成圆形。
④捏头部，成葫芦形。
⑤捏身体，再捏尾部。
⑥捏鸡嘴，嘴部轻轻剪一刀。
⑦鸡身两侧各一刀。
⑧在鸡头两边沾上蛋液，各粘上两粒黑芝麻。

(6) 作品成熟

①把包完的小鸡酥收口朝下放在烤盘里，鸡身表面涂上鸡蛋液。
②整齐摆放进上温为 210 ℃，下温为 220 ℃烤箱中。烤 25 ~ 30 分钟呈金黄色。

2) 小鸡酥的制作要领

①剂子分量要准确（大小一致）。
②皮子擀制要适中（厚薄均匀）。
③馅心务必成圆形（摆放居中）。
④头尾比例要协调（用力适中）。
⑤剪刀深度要适中（眼睛装饰要美观）。

3) 小鸡酥的质量标准

①色泽金黄色。
②大小一致、形如小鸡。
③皮胚酥松、口感香甜。

[想一想]

你知道吗？制作小鸡酥需要用到：
设备：面案操作台、烤箱、烤盘等。
用具：电子秤、擀面杖、面刮板、剪刀、馅挑、小碗等。
原料：面粉、猪油、黑芝麻、豆沙、鸡蛋等。
调味料：盐、糖、味精、胡椒粉、酱油、麻油等。

[布置任务]

提问 1

小鸡酥是用什么面团制作的?

提问 2

油酥面团应采用怎样的调制工艺流程?

提问 3

小鸡酥是用的何种成熟方法?

[小组讨论]

小组合作完成小鸡酥的制作任务，进行小组技能实操训练，共同完成教师布置的任务，在制作中尽可能符合岗位需求的质量要求。

1. 任务分配

①把学生分为 4 组，每组发 1 套馅心及制作用具。

②每组发 1 套皮坯原料和制作工具，学生自己调制面团，经过搓条、下剂、压剂、擀皮、包馅、成形等几个步骤，包捏成小鸡形的酥点，大小一致。

③提供面案操作台、烤箱、烤盘给学生，学生自己开启烤箱，调节炉温。烤熟小鸡酥，品尝成品。小鸡酥的口味及形状符合要求，口感酥松。

2. 操作条件

工作场地需要 1 间 30 平方米的实训室，设备需要烤箱 4 个，烤盘 8 只，擀面杖、辅助工具各 8 套，工作服 15 套，原材料等。

3. 操作标准

点心要求皮坯酥松，吃口香甜，外形像小鸡。

4. 安全须知

小鸡酥要烤熟才能食用，成熟时小心烤箱的炉温烫伤手。

[技能测评]

被评价者：＿＿＿＿＿＿＿＿

训练项目	训练重点	评价标准	小组评价	教师评价
小鸡酥制作	调制面团	调制面团时，符合规范操作，面团软硬适当	Yes □ /No □	Yes □ /No □
	擀制层酥	擀制酥层时用力要均匀，方法正确，少撒干粉	Yes □ /No □	Yes □ /No □
	搓条、下剂	手法正确，按照要求把握剂子的分量，每个剂子要求大小相同	Yes □ /No □	Yes □ /No □
	压剂、擀皮	压剂、擀皮方法正确，皮子大小均匀，中间厚，四边薄	Yes □ /No □	Yes □ /No □

续表

训练项目	训练重点	评价标准	小组评价	教师评价
小鸡酥制作	包馅、成形	馅心摆放居中，包捏手法正确，外形美观	Yes □ /No □	Yes □ /No □
	作品成熟	成熟方法正确，皮子不破损，馅心符合口味标准	Yes □ /No □	Yes □ /No □

评价者：________________

日　期：________________

[练一练]

1. 油酥面团还可以制作哪些面点品种？
2. 小鸡酥的馅心是否还可以用其他原料制作？
3. 大家想一想酥点还有哪些形态？
4. 每人回家制作 10 只小鸡形态的酥点。
5. 创意制作一款不同于小鸡形态的酥点。

知识小贴士

小鸡酥的成形

首先包馅后收口朝下，其次掌握好小鸡酥的身体比例，头是身体的 1/3，剪翅膀先左侧后右侧，注意力度，不能露馅。

参考文献

［1］张桂芳 . 中式点心制作 [M]. 重庆：重庆大学出版社，2018.

［2］陈文阁，潘芙 . 中式面点综合实训 [M]. 重庆：重庆大学出版社，2021.

［3］陈君 . 中餐面点基础 [M]. 重庆：重庆大学出版社，2013.